读懂教堂 从建筑到艺术

CHURCHES, FROM ARCHITECTURE TO ART

周至禹 著

重庆大学出版社

前言

PREFACE

英国史学家爱德华·吉本在自传中这样写道：“1764年10月15日，在罗马，当我坐在朱庇神堂遗址上默想的时候，天神庙里赤脚的修道士们正在歌唱晚祷曲，我心里开始萌发撰写这座城市衰落和败亡的念头。”由宗教引发的激情是爱德华·吉本写出罗马史的动力，而我在恺撒大帝被刺倒下的地方，罗马古寺的旁边，开始了对人类信仰和与之相关的艺术的一种思考。宗教是人类自我设定、自我接受的一种信仰系统。欧洲的每一个城市几乎都有教堂矗立，每个城市的成长都曾伴随教堂的修建和布道，每个乡村的最高处一定是教堂的钟楼和尖塔。

教堂是信仰的归属地，也是心灵的安放地。信仰可以滋润我们的心灵，让人们的生命充实，充满希望。占据着最好地势的教堂可以把钟声传到四面八方。教堂的钟声准时响起，在黑暗里具有深远的穿透力，让听者的心灵得到慰藉。钟声是悠长的，钟声是深沉的，肯定而明确，具有安抚人心的作用，就如同“夜半钟声到客船”，让旅途上的行者安然入睡。我曾经在欧洲一个乡村旅舍住过几天，乡村的宁静仿佛凝固了时间，但是在午夜的时候，村里唯一的教堂总会敲起十二点的钟声，那一声又一声，清晰而明亮，穿透了无边的黑暗，来到我的枕边，惊破了我的睡梦；并且，钟声是那么准时，不差分毫地开始，在该结束处结束，但是余音袅袅，让我在黑暗中清醒。

历史上最好的艺术，大多和宗教相关。作为视觉体系的教堂是一部综合的艺术史，涵盖了宗教史、建筑史、绘画史、雕刻史、设计史等，让细心观看的各类游客从中受益。教堂里总是藏有丰富的宗教艺术品，琳琅满目，自成系统，呈现了宗教艺术最好的成果，艺术圣殿出现的每位大师，他们用自己的知识体系和杰出的宗教艺术铸成了教堂的基石。每到一个城市，我都会参观这个城市的主要教堂。走进教堂，看到这些从建筑到雕塑，从绘画再到装饰的伟大艺术，为这样的艺术奇迹所震撼。法国著名艺术史家、博物馆学专家罗兰·雷希特撰写的《信仰与观看》则集中描绘了教堂建筑的象征、装饰、风格、空间，也涉及彩色玻璃和雕塑，以及哥特式艺术作品的创制与传播。的确，“教堂对教会来说是布道的场所；对教徒来说，是寻找安慰洗刷心灵的地方；对艺术家来说，那是他手中的一块石料或者一块画布”。寻访教堂，徜徉其间，欣赏教堂几百年历史的美妙艺术和非凡建筑，身临其境，可以获得一种全新的文化体验。

我自己常说，读万卷书固然重要，行万里路更有实际收获。有机会见识世界，使得我和广阔的自然有了一种亲密的接触，而我深知见识世界、贴近自然对我的眼界，对我的教学，更重要的是对我自身灵魂和思想的丰富，都有一种无法想象的意义。观看，并且思考，因观看而快乐，因思考而幸福，这就形成了人生的过程。王羲之在《兰亭集序》里写道：“仰观宇宙之大，俯察品类之盛，所以游目骋怀，足以极视听之娱，信可乐也。”这个“兰亭”在我，就是一个世界。其中对于教堂，我总是兴趣盎然地阅读它们。对我有意义的是：我怎么看。读懂它，既意味着知识，也意味着感受，这深入历史深处，体会当下语境的观看，意味着完成“看一见”的完整过程。

目录

CONTENTS

1.

先贤祠

Panthéon

上帝的天国成为人间的圣殿

先贤祠位于巴黎市中心塞纳河左岸的拉丁区，与荣军院有些类似，设计之初是为教堂之用。1744年，路易十五在病危时向圣热纳维埃芙许愿，如果他能痊愈，就会兴建一座教堂感谢她。热纳维埃芙是公元5世纪的巴黎年轻妇女。公元451年，传言匈奴阿堤拉将入侵巴黎，惊慌的巴黎人准备逃亡，她却呼吁大家留下，向万能的上帝祷告以求保护。幸运的是，阿堤拉并非想要侵略巴黎，而是要取道奥尔良的罗赫以攻击西哥特人。巴黎幸免于匈奴大军的铁蹄，巴黎人却因此认为热纳维埃芙是个大救星。

a

路易十五病愈后，于1764年开始建造这座拥有“希腊式美感以及哥特式的宽敞与光线”的大教堂。可是，到了1790年竣工时，路易十五早已死去，路易十六也快要走上断头台。法国大革命开始，热纳维埃芙的圣物也被巴黎民众视为

b

迷信的产物，扔进波涛滚滚的塞纳河里。1791年，革命者将这座圣热纳维埃芙教堂改作他用，成为一栋供奉法国先贤伟人的建筑，“Panthéon”最初的含义是“所有的神”，类似于古罗马万神庙，以供奉诸神而著称。中文把它译成“先贤祠”，也是绝佳的创意。先贤祠的设计师雅克-日梅恩·索弗洛的墓也在这里。

先贤祠不仅高大，立面装饰也相当精致。在三角形楣饰上象征着祖国、历史和自由的古典主义浮雕，由大维·德安设计制作，三角门楣下是十二个圆形廊柱。我去参观的时候正是清晨，太阳在三角破风后闪耀。只有退到正面街上，才能够看到教堂雄伟的圆顶。教堂前有小广场，此时还没有什么游客，只有小汽车不断驶过，打破了早上的宁静。先贤祠对面的建筑，左手边的是巴黎五区政府，右手边的是巴黎第二大学的总部。与先贤祠面对的街通向著名的埃菲尔铁塔。买票进教堂参观，立刻就被内里的场景震惊：里面的空间极大，祭坛的位置是“国民公会”大型群雕。周围的墙壁上都是历史壁画，描绘有查理曼大帝、圣女贞德等历史人物和历史事件，也有一些宗教内容的绘画。画的风格多样，有装饰性的，有写实的，也有古典风格的，一时吸引了我凝神观看。众多绘画中，以夏凡纳的组画《圣热纳维埃芙生平》最引人注目，其中《圣热纳维埃芙守护沉睡的巴黎》壁画（1889）尤为出色。竖构图中，幽蓝到深邃的夜空，圆月当头，月光下的巴黎沉睡着。戴着白头巾的圣女伫立在矮墙边，略带忧郁地俯视着黑暗中的巴黎城，这是一个漫长的不眠之夜……严谨的线条，概括的块面，柔和的色彩，营造出一种古典清醇的感染力。吴冠中在《梦里人间——忆夏凡纳的壁画》里写道：“壁画中圣女的形象正是夏凡纳夫人，那守夜的圣女是她抱病时最后一次做模特儿，而夏凡纳作完这幅画后不久，夫妇俩便相继去世了。”而里尔克在《马尔特手记》里这

a　先贤祠不仅高大，立面装饰也相当精致。正是清晨，太阳在三角破风后闪耀。只有退到正面街上，才能够看到教堂雄伟的圆顶。

b　夏凡纳的壁画《圣热纳维埃芙守护沉睡的巴黎》（1889）。

c　圣女贞德抗击英军。

c

样写道:“……我在先贤祠看见了圣女。孤独、圣洁的女子，檐顶，石门，房内微渺的灯影，上方沉睡的城，流水，月华下的远方……圣女守护着沉睡的城。我泪水潸然。我泪水潸然，因这一切蓦然间如此出乎意料地显现在那里。我为此泪水潸然，我知道自己已无可救药。”

中间大厅有时间的球摆——用线吊着来回地摆动。这便是著名的法国物理学家傅科在1851年证明地球自转的“傅科摆”，一个穿着黑衣的女孩肃立在球摆前，像一尊凝想的雕塑。而我良久地在廊柱间徘徊，在巨大的画幅前停留，沉浸在绘画描写的历史氛围里。时近中午，还是没有什么人参观。周围一片深黯的宁静。

a 先贤祠的天花板装饰，图案是精美的，但是色彩是朴素的，因此营造了一种精致而宁静的氛围。

b 伏尔泰的棺椁前有他的全身大理石立像，手里拿着一卷手稿，一支羽毛笔。棺椁上写着：“诗人、历史学家、哲学家。他拓展了人类精神，它使人类懂得，精神应该是自由的。”

从教堂的边门下底层地下祭奠堂，昏暗的甬道、厅堂、墓穴，照明灯像油灯一样闪烁着。先贤祠安葬着伏尔泰、卢梭、雨果、左拉、居里夫人和大仲马等七十多位人杰，经过了长久的历史检验。1791年4月4日，第一个安葬入祠的是革命贵族小米拉波，但到了秋天，人们认为他与路易十六不清不楚，将他悄悄地移了出去。第二个伟人伏尔泰在同年5月30日迁入先贤祠。伏尔泰信仰宗教，但是主张宗教宽容，把基督教斥为一个社会机构。他曾经说：“我已经听厌了那12个人是怎样建立起基督教的，我倒想说，仅凭一个人就可以摧毁它。”那么，这个人就是伏尔泰自己吗？伏尔泰于1778年5月30日去世，由于他反对教权主义，未能得到宗教的葬礼，13年后法国大革命党人将他的遗体重新埋葬在先贤祠。在边廊可以看到伏尔泰的棺椁，对面则是卢梭的棺椁。伏尔泰和卢梭隔了一条走道。伏尔泰的棺椁前有他的全身大理石立像——手里拿着一卷手稿，一支羽毛笔，脸上露出惯有的智慧的微笑。法国雕塑家让·安托万·乌东也曾经雕过伏尔泰的全身坐像，比这个雕塑传神，连伏尔泰自己都很满意。棺椁上写着：

“诗人、历史学家、哲学家。他拓展了人类精神，它使人类懂得，精神应该是自由的。”

卢梭的棺椁则被设计成一栋建筑，浮雕的木门打开，伸出的手里拿着一枝玫瑰，棺椁上面写着：“这里安息着一个自然和真理之人。”麦克·哈特所著的《影响人类历史进程的100名人排行榜》一书中，伏尔泰位居第74位，卢梭排在第78位，稍逊一筹。卢梭1712年生于日内瓦，出生后不久母亲去世，10岁时父亲被流放离开日内瓦，16岁时卢梭也离开了这个城市，开始流浪。38岁那年由于获得第戎科学院以“艺术和科学是否有益于人类社会和道德”为题的征文比赛头奖而成名，因为反对伏尔泰在日内瓦建剧场的计划而与之发生矛盾。卢梭的唯情论和伏尔泰的唯理论形成鲜明对比。相比之下，伏尔泰更温和，卢梭更激进。哈特认为，卢梭对近代的平等与民主思想做出了贡献，其思想影响了人类达两个世纪。日内瓦勃朗桥边有一个卢梭岛，上面树立着卢梭的雕像。如果放在这里与伏尔泰相对而视，看起来就饶有趣味。生前，纯粹的学术争议和政治观点上的辩论，演化为两人之间的人身攻击，死后却要面对面地厮守在一起。针锋相对的两个人，却发挥了相似的历史作用，共同成为法国启蒙运动的代表人物。

顺着一个甬道缓缓而行，两边是一间间石棺房，一些石棺上摆放着红黄白紫的鲜花。找到了停放作家左拉和雨果的房间。两人在同一间，大理石棺上各摆放着一片铜棕榈和鲜花，房间外刻有名字，对面墙上挂着铭牌，强调着他们的非

b

a 眼中的先贤祠和自己先前想象的不同。身在朴素、深黯的氛围里，感觉它并不如想象的宏大。但是，法国人终究为自己的杰出儿女保留了一块圣地，留待后人瞻仰。

凡思想和个性精神。想起雨果生前厌恶地将石棺房讥嘲为“海绵蛋糕”，没想到最后自己也置身其中。1885年5月29日的雨果国葬，50万人走上街头哀悼他。之前他的遗体安放在凯旋门前供人瞻仰。遵照诗人的意愿，不举行任何宗教仪式，接着以“穷人的”柩车将遗体送往先贤祠，象征着他和平民百姓之间的同心同德。在苏弗洛特街（R. Soufflot）的末端，先贤祠披着黑纱，门前两盏三角灯向空中射出绿色的灯光，祠门在寂静中开启。先贤祠地上铺满了数以千计的桂冠、花束、旗帜和国旗，也是极尽哀荣了。有一面墙上雕刻着七百多位在两次世界大战中为国捐躯的作家的名字，表现了对思想精神的个人实践

a

者的尊崇。还有一些政治家和科学家埋葬在这里，例如抵抗运动领袖穆兰和居里夫妇。最后果然找到了居里夫妇的棺椁，介绍牌上居然有北京召开纪念居里夫妇大会的照片。中国核物理科学家钱三强夫妇都曾经是居里夫人的学生，在巴黎大学居里实验室作研究，对原子核裂变进行实验分析，1947年正式发表论文，证实了铀核三分裂、四分裂现象的存在，西方报纸称赞为“中国居里夫妇发现了原子核分裂法”。看到这里，身边的妻子说，钱三强曾经是我的外公张佩瑚的学生呢。

早就知道先贤祠，但是和自己想象的完全不同。朴素、深黯的氛围，虽然它并不如自己想象的宏大。但是，由教堂改建祠堂，法国人

为自己的杰出儿女保留了一块圣地，留待后人瞻仰，对文化是一份尊重。朱自清在《欧游杂记》也对先贤祠有过描述。冯骥才形容为：这地方就由上帝的天国转变为人间的圣殿。在一层的旁边大门两侧铭刻着为国家而死的一些著名人物的名字。先贤祠三角门楣下镌刻着一行字：伟人，祖国感谢你们！(Aux grands hommes, la patrie reconnaissante)是的，在人类思想的祭坛上，应该永远供奉这些伟大人物的思想与精神，他们共同汇集成人类最好的文明。离开前，在留言本上写下一句话："令人惊奇，令人震惊，神圣的文化遗产属于法国人民，也属于全人类。"从教堂出来，坐在台阶上休息，看鸽子在小广场上安闲地晒着太阳，可是思绪还在先贤祠里徘徊不已。

2.

巴黎圣母院

Cathédrale Notre-Dame de Paris

宛若烈火里涅槃的凤凰

瞻仰巴黎圣母院已经是第二次了。第一次在1999年冬天的圣诞节期间。那时正值圣母院维修，正面搭起了脚手架，遮掩了巍然壮观的面容，只留下内部的总体印象。19世纪法国诗人作家雨果的小说《巴黎圣母院》，令巴黎圣母院为世人皆知。根据小说拍摄的电影《巴黎圣母院》在脑海里徘徊不去。我记得曾经一个时期，CNN的新闻片头，从左岸拍摄晚间的圣母院与塞纳河，圣母院被灯光映照得辉煌壮丽，宛若烈火里涅槃的凤凰。

好的建筑是有精神的建筑，也是有文化的建筑。因而也就成为历史的、时代的标志。在第一次参观之后，我有了以上的感想。宗教的结晶又用艺术的形式来升华，二者成为互补的关系，因此具有独特的美学意味，这是我看巴黎圣母院进一步的体会。圣母院坐落在市中心塞纳河中的西岱岛上，圣母院建筑总高度超过130米，是欧洲历史上第一座完全哥特式的教堂，历史久长，最早可以追溯到1163年，由巴黎大主教莫

a 从左岸拍摄晚间的圣母院与塞纳河，圣母院被装饰彩灯映照得辉煌壮丽。

a

a

里斯·德·苏利决定兴建。在路易七世统治期间，于1345年建成，前后历时180多年。它承载着法国历史上最重要时刻的历史记忆：1431年，英格兰的亨利六世在大教堂内被加冕，拿破仑·波拿巴于1804年在大教堂内被加冕为法国皇帝……从10世纪开始这里一直是法国的宗教中心，2013年圣母院庆祝兴建850周年。

圣母院底层有3座并排的拱券形门洞，分别是玛利亚门、末日审判门和圣安娜门。这三个尖形的内凹门洞，饰带一层层递进缩小，上面雕满了瘦长的雕像，成纹饰样排列。左边是圣母玛利亚事迹，右侧是圣母之母圣安娜事迹，中间是密密麻麻的《最后的审判》雕刻。巴黎圣母院的3扇大门也是三卷华丽的篇章，它们并不只是装饰，每扇门上密密麻麻的雕塑，都刻满了圣经故事。拱门的上面是一排28个以色列和犹太国历代国王的雕像。第二层两边是尖拱双石窗，中部是直径10米的圆形玫瑰花窗，中间供奉着圣母圣婴像，两边立着天使，两侧是亚当和夏娃的雕像。第三层是一排细长雕花拱形柱廊，再上面是两座塔楼，总高69米。屋顶正中106米的尖塔高耸挺拔，塔顶十字架直插蓝天，据说耶稣受刑所用十字架及其冠冕就在十字架下面的球内封存。整个建筑是典型的“哥特式”，正外立面汇集拱券、壁柱、圆窗、雕像、饰带等不同时期与造型的元素，风格独特，结构严谨，美妙和谐，分明是雄伟庄严的样子。

巴黎圣母院具有地理上的优势，居住区的邻近、街道系统的易达性使得教堂本身、教堂前广场和城市形成紧密的关系，从而让宗教和现实生活融为一体，广场成为市民游戏、约会、交易和歌舞的公共场

a 圣母院外立面上的雕刻也是风趣盎然，栩栩如生。

b 好的建筑是有精神的建筑，也是有文化的建筑。因而也就成为历史的、时代的标志。在第一次参观之后，我有了以上的感想。

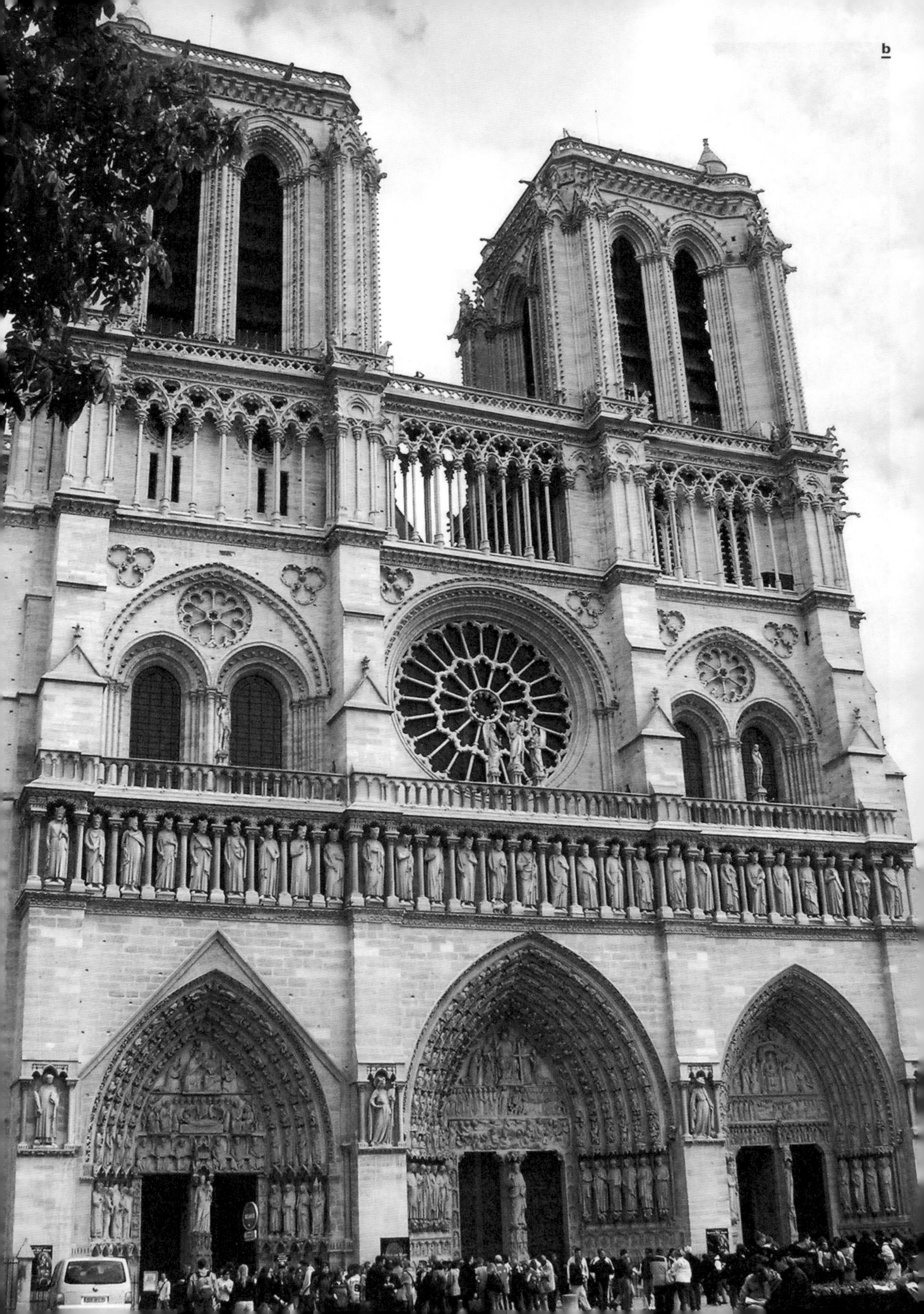

b

a

b

所。门洞入口的队伍在广场上蜿蜒百余米。广场很大，队伍移动得也比较快，从外面进入教堂，一下子感觉眼前一片漆黑，好像失明了一样，静立片刻，慢慢地从黑暗里显现出空间来。遥不可及的穹顶是如此之高，几乎让人产生失望的心情。只有巨大的玫瑰窗引人注目，真的是太绚丽了，给圣殿涂上了幻彩。在黑暗里，并不是玫瑰窗提供了光线，而是分外地显示出色彩的斑斓，也许暗示了天堂世界的美好，让黑暗里的人感觉到渺小和卑微，也因此产生对天堂的向往之情吧。用彩色玻璃在窗子上镶嵌出易读的圣经故事，被称为“不识字人的《圣经》”。这些彩色玻璃窗将教堂内部渲染得五彩缤纷，宛如尘世幻想中上帝的居所，从而冲破了神学玄秘的迷雾。内部的灰色石头墙面相当朴素，不像罗马的教堂，用很多的彩色大理石装饰，或者挂满了油画。肋拱的线条也不张扬，有些纤细，自然消融在阔大的空间里面。教堂内没有太多的宗教艺术作品可供欣赏，只有一些不太引人注目的雕塑。倒是共有6000根音管的大管风琴引人注目，在黑暗里闪着金属的光泽，这就是巴黎圣母院拥有的世界上最大的管风琴。在重大的典礼时奏响管风琴，想必音色是浑厚响亮的吧。宣读1945年第二次世界大战胜利的赞美诗的时候，1970年法国总统戴高乐将军的葬礼举行的时候，人们都会被这管风琴乐感动吧。

圣母院平面呈东西向长十字布局，是拉丁十字式的哥特主教堂形制，东端是圣坛，后面是半圆后殿，象征基督的头部；前面的横向空间象征基督被钉在十字架上的两臂，一般是管风琴和唱诗班的位置，也是教士们进行宗教仪式和讲经布道的场所，南北两个耳堂。中部以下设正厅，象征基督的身躯和腿部，是教徒聚集进行礼拜的场所。祭坛前的正中是圣母哀圣子像。耶稣基督横卧在圣母膝上，身子略略地向外倾斜着，圣母的双手无奈地向世人张开着，自有无限的悲痛和质疑。是的，我体会到这种动作的含义，仿佛圣母在向着世人说："你看，我的儿子为你们而死了。"了解圣母院的历史就会知道，教堂也遭受过重重灾难，18世纪的反基督教自由思想时期，打着理想时代旗帜的民众攻击教堂，内部建筑、彩色玻璃、雕刻都受到破坏，法国大革命时期，破坏就更加严重，连主教都被送上了断头台。损伤部分的修复是一件旷日持久的工作，直到19世纪中期的1864年，圣母院才修缮完毕。法国大革命后，拿破仑正式决定让这所教堂划归教会，并于1804年在此加冕称帝。大维特曾经画过这样的场面。一切都风吹云散，只有教堂作为见证，但是却永远保持沉默的态度。

圣母院内部结构十分精巧，陈设布置则相对简洁，丰盛的香火烛光不足以使气氛明快起来，反倒衬托出空间的浩大与黑暗。陪同的朋友点上了一根白蜡烛，插在了右边的蜡烛架上，点点燃烧的蜡烛里又多了一个不为人注意的同伙，烛光摇摆着，仿佛是相互打招呼，哦，是一个新人。点点头，彼此有一个心照不宣，然后又静默下来，看着影影绰绰的游客身形在黑暗里晃动，等待着新的伙伴。人群走动引起了空气微微地颤动，扬起的微风让烛火们又摇起头来。几个笃信宗教的游客，进入

a　巴黎圣母院玫瑰窗。

b　内部的灰色石头墙面相当朴素，不像罗马的教堂，用很多的彩色大理石装饰，或者挂满了油画。肋拱的线条也不张扬，有些纤细，自然消融在阔大的空间里面。

c　法国大革命后，1802年拿破仑正式决定让这所教堂划归教会，1804年在此加冕称帝，大维特画过这样的场面。

c

a

a 从黑暗来到阳光下，眯着眼睛看这个亮亮的俗世。正是繁华和热闹，一派收拢不住的喧嚣，塞纳河边是熙熙攘攘的画像摊子，穿梭其间的游客，组成了巴黎圣母院边长久的人间景色。

侧面小教堂的专门区域，坐下来低着头默默祈祷，浸入短暂的与现实相关又远离现世的冥想。我不信教。但是我也静默无语，像这黑暗里摇曳的蜡烛，思想的微风让我的灵魂摇动。黑暗让我忘记了肉体，看不到华丽的红男绿女，于是灵魂就脱离了肉体，开始了黑暗里无限的飞升。黑暗掩藏了一切卑微与杂乱，包括我的灵魂有些惊慌地浮游。

从黑暗来到阳光下，眯着眼睛看这个亮亮的俗世。正是繁华和热闹，一派收拢不住的喧嚣，塞纳河边是熙熙攘攘的画像摊子，其间穿梭的游客组成了巴黎圣母院边长久的人间景色。过桥到街对面的小花园，在阴凉下的座椅上休息。眼神穿过街上的树枝树叶织成的网，贴在巴黎圣母院上。知道看上去自己有些失神，因为心思已经遗落在巴黎圣母院里。法国作家贝尔纳-亨利·莱维说：“对于法国的许多人来说，巴黎圣母院不仅仅是一座礼拜堂。它是法国文化、建筑和历史的象征。”梵蒂冈则称巴黎圣母院是“法国乃至世界基督教的象征”。

但是，2019年4月15日下午6点50分左右，巴黎圣母院发生火灾，整座建筑损毁严重。着火位置位于圣母院顶部塔楼，大火迅速将塔楼尖顶吞噬，尖顶拦腰折断一般倒下，主体建筑不断冒出白色烟雾，空气中弥漫着刺鼻的气味，最终整个教堂顶部的木质结构被摧毁，只留下石质的残垣断壁。圣母院火灾摧毁了哥特式教堂建筑中尘世信徒与神沟通的象征性通道，也摧毁了大教堂中最壮丽的世俗艺术遗迹，民众在圣米歇尔广场点燃蜡烛，哀悼摧毁严重的巴黎圣母院。数百人跪在地上祷告，有人在啜泣，有人眼含泪花。所幸的是，主体建筑得以保存，圣母院中的主要文物“耶稣荆棘冠”和“圣路易祭服”等没有受损。各国领导向法国总统发去慰问电，中国外交部发言人说，巴黎圣母院是全人类重要的文化遗产，对文化的珍视、对美的热爱是超越国界的。总统马克龙表示要在5年内重建巴黎圣母院。2019年8月6日巴黎圣母院屋顶线建筑设计竞赛主办方公布结果，中国建筑师的方案“巴黎心跳”赢得这场民间修复方案的冠军。2019年11月6日，中法双方在北京签署合作文件，就巴黎圣母院修复开展合作，中国专家将参与巴黎圣母院修复工作。是否需要以完全相同的方式重建19世纪的尖塔？众说纷纭，首席建筑师菲利普·维伦纽夫选择还原巴黎圣母院本来的样貌。2020年6月1日，巴黎圣母院前广场重新开放。期待未来几年，巴黎圣母院能如浴火重生的凤凰，依旧让人心动不已。

3.

圣沙佩勒教堂与
圣日耳曼德佩教堂

Ste-Chapelle &
St-Germain des Prés

高挑绚丽与古朴静谧的对比

a

参观完巴黎圣母院的游客，我想只有一小部分人会有兴趣到司法部附近的圣沙佩勒教堂参观。但是，这个教堂是值得参观的，13世纪，路易九世率领十字军东征，曾经带回耶稣基督“荆棘冠”上的一块碎片，为了收藏这染着基督鲜血的圣物，特意修建了这座两层的哥特式教堂。圣礼拜堂的下层为圣母玛利亚而建，上层体现了哥特式建筑精华。圣沙佩勒教堂于公元1245年动工，据说运用了当时“先进”的金属框架结构，仅六年就建成了一座与它的体积相比具有超乎寻常高度的建筑物。

教堂的第一层空空如也，没有什么可以观赏之物，但是从旋转台阶上到二层，心里禁不住惊叫起来。作为王室的小礼拜堂，结构小巧精致，自是有一种贵气在里面，这种贵气就体现在教堂的玻璃彩色镶嵌画——密密麻麻地排列，高达15米，彩窗比它们之间的墙壁还宽大、惹眼，使窗与窗之间的墙面显得格外狭窄，高高的拱顶似乎直接立在玻璃上，营造了一个万花筒似的世界，拱顶上的装饰仿佛繁星密布的蓝天。玻璃画的设计空前华丽，色彩艳丽无比，新鲜干净得仿佛

b

是刚刚绘成，而铅条构成的圆饰和石制窗花格成为设计的主要部分。窗花格始于结构的需要，现在与功能分离，专门用来装饰墙壁，里外都是把大块的石料刻成半实半空的花边形式。据参观指南上说，圣沙佩勒教堂的玻璃彩色镶嵌画是世界上最大的，而在巴黎则是最古老的，被誉为巴黎的宝石。16块彩绘玻璃分别描绘了《圣经》里的创世纪、出埃及记等旧约故事，视觉形象生动，在当时对不识字的百姓而言，它成为一种普及圣经故事的方式。故事的顺序从左到右，自下往上，祭坛背后的三扇窗户则描绘了传福音者约翰、基督受难、施洗者约翰。

这些玻璃彩色镶嵌画漂亮得让人目瞪口呆，需要坐下来慢慢地欣赏，静静地欣赏，实在是不可以走马观花。小型宗教内容的图画像连环画一样排列其间，五彩缤纷，让人眼花缭乱。被誉为巴黎的宝石，实在是准确的、不夸张的，而玫瑰窗的窗花格呈辐射状直线，把玫瑰窗的风格变成更为复杂交错的设计，更有闪耀放射的动感。这一“辐射式”也成为法国这一时期哥特式建筑的特点。玫瑰窗描绘了启示录的故事。或许玫瑰窗形如宇宙和太阳，暗示了上帝的圆满和自足，有着高度的协调性和整体性之美。光线在午后通过玻璃照射进来，散发出令人惊叹的蓝光和红光，被笼罩的你会忘记时间的存在，忘记了这教堂里有没有“荆棘冠”。如果说宗教神圣的情结让这玻璃画艺术灿烂辉煌，那么到底要感谢宗教了，这是一种令人难以置信的艺术创造

a 13世纪路易九世率领十字军东征，曾经带回耶稣基督的“荆棘冠”上的一块碎片，为了收藏这件圣物，特意修建了这座两层的哥特式教堂。

b 王室的礼拜堂的贵气体现在教堂的玻璃彩色镶嵌画。密密麻麻地排列，营造了一个万花筒似的世界。

a

b

a/b 窗花格起于结构的需要，现在与功能分离，专门用来装饰墙壁，里外都是把大块的平面体积刻成半实半空的花边形式。

c 圣日耳曼德佩教堂。

动力，让教堂里充满了灿烂的光芒，完全没有巴黎圣母院的沉重，看到的只是充满快乐的信仰。彩窗营造出犹如童话般富丽的氛围，色彩富丽迷幻的感染力让人在其间徘徊流连，得以暂时释放和忘却人世间的烦恼与负累。

教堂内的空间并不大，甚至让人感觉有一些逼仄，到底是玻璃窗太灿烂，让这样的空间无法承受。为了尊重光线的意义，教堂十分注重对光线的控制和处理，祭坛也是简单得毫不引人注目。礼拜堂内有12使徒的雕像。而在殿堂内两侧凹室左边为路易九世，右边是他母亲的座位。想要感受哥特彩绘玻璃艺术的瑰丽和王室教堂的堂皇，圣沙佩勒教堂是一个不可错过的风景，处处可见红蓝金王室徽章纹样。但是，我还是主要对装饰艺术更有兴趣。走出二层正门，看到门外的石墙上也有圣经故事的雕刻，亚当与夏娃被逐出伊甸园，挪亚的方舟，等等。这伊甸园也如同这玻璃画一样美丽，让形形色色的游客流连忘返。我抚摸着在阳光下有些温热的石墙，一时间端详得出了神。

从圣日耳曼大街往西，一路行人稀少。圣日耳曼区是巴黎作家、思想家、新思潮的汇聚之地，是左岸的中心，是让-保罗·萨特和西蒙娜·德·波伏娃从事存在主义运动的中心。走到圣日耳曼德佩教堂，就看见古旧的罗马式教堂方形钟楼耸入云天，被大文豪雨果形容为“餐桌上的佐料瓶架”。这是巴黎最古老的教堂之一，创建于6世纪，法兰克国王希尔德贝尔特一世攻打西班牙的萨拉戈萨时，得到当地主教赠送的圣带，回到巴黎后就兴建了这座教堂来收藏这件圣徒遗物，它曾是法国最富有的教堂之一，在11世纪还设立了一个重要的藏经楼，是法国天主教会的学术中心。提出身心二元论的哲学家笛卡尔的墓地就在这里，“我思故我在”的名言就镌刻在墓碑上。

教堂门口站着一个青年，穿着一身洁白的西服，长着英俊瘦削的脸，等有人走过身边，伸出手来讨要，让进门者措手不及。进去参观，廊台非常精美，这也是巴黎唯一的廊台。祭坛也简单圣洁。拱门上的壁画是安格尔的弟子弗农德罕的作品，彩色的玻璃窗引人注目。经过寻觅，才知道教堂右边一间小侧室中，三块并排的黑色石碑中间的一块是纪念笛卡尔的。少有游客到此参观，里面只有一些当地信徒在默默祷告，烛光稀稀落落，闪烁着光芒，深黯的教堂回荡着管风琴演奏的圣乐，也算是闹市中的净土，令人感到内心的平静，此处的静谧、古朴与圣沙佩勒教堂的热闹华丽形成对比。2019年5月，教堂的烛台和十字架曾经遭窃，两台闭路电视摄像机录下了两名逃之夭夭的窃贼。在更早些的时候，经过修缮的大教堂重新对游客开放。洗净铅华的教堂见证着巴黎的起起落落。

c

从教堂里出来，看到晴空万里，便觉得心情舒畅。教堂对面就是两家著名的咖啡馆：花神和双叟。开业于1887年的花神咖啡馆是巴黎最古老的咖啡馆之一。双叟大早上居然营业，也真有很多食客，坐在有着店名“Les Deux Magots”字样的篷布下的餐桌边悠闲进食，热闹的街边与安静的街上形成对比。墙边角落有一个画家正在写生，画架立在街上，描绘的是花神咖啡馆街景，也画了进餐的人，色彩看上去不错，但是却没有人欣赏。这让我想起当年的印象派画家凡·东根，20岁的他

a 圣日耳曼教堂黑黑地耸入云天。进去参观，教堂正在做弥撒，深黯的教堂回荡着管风琴演奏的圣乐。

定居巴黎，无依无靠，一文不名，但是还没有成为教堂门前的乞讨者，而是做油漆工、菜市场搬运工、咖啡馆画像者，以及最有巴黎人特点、最潇洒的巴黎街头画家。而此刻，空旷的环境、热闹的餐客、专注画画的人、徘徊乞讨的人，以及游走其间的我，好像都是分割开来的生活，毫不相关的事物硬是给塞进了一个场景。巴黎的生活，就像巴黎教堂的彩色玻璃，就像这各不相干的各色人等，因此是多姿多彩的吧。

a

4.

圣心大教堂

Basilique du Sacré-Coeur

俯瞰着如海巴黎的洁白圣心

圣心大教堂坐落于巴黎市中心北部海拔129米的蒙马特（Montmartre）高地上，仿佛从一片巴黎城海上耸立出来的岛屿，在巴黎四周很远的地方都能看到它，是著名的巴黎城市风景线地标。反过来，在教堂宽阔的台阶之上则可以放眼全城，尽情鸟瞰巴黎的美景。圣心大教堂由巴黎人民捐款修建，它的建筑设计师是保罗·阿巴迪。1875年10月圣心大教堂开始奠基，1884年保罗·阿巴迪辞世，另外五个设计师接手了圣心大教堂的督建工作。他们修改了圣心大教堂最初的设计方案，教堂最终于1914年建成，因第一次世界大战爆发，直到1919年战争结束后才正式使用。据说建造教堂是为了鼓舞普法战争和巴黎公社时期情绪低落的市民。40年的建造岁月里，它用去了天主教徒捐献的4000万法郎。

教堂前数百级的台阶一直延伸到它对面的马路上。尽管上下都有缆车，我还是选择从坡下拾级而上，教堂建筑一点点迫近，感觉到一种巍峨的气势扑面而来，碧蓝如洗的天空被飞机划出条条白烟，仿佛教堂放射着道道白光。从坡顶回望坡下，全巴黎一览无遗地尽收眼

a

底，蓬皮杜艺术中心、巴黎圣母院和荣军院也可看见，因有烟云缭绕，也就生机盎然，的确是一个充满活力的巴黎。圣心大教堂有4个小穹顶，在4个小穹顶的簇拥下，中间挺拔出一个55米高，直径16米的具有罗马式与拜占庭式结合风格的洁白大穹顶。人们也可以登临这个圣心大教堂中心最高的大圆顶，从那里能看到方圆50公里内的景物。

教堂正面是3个拱形大门，门廊两侧立着两尊立马铜像，面向教堂，左边是圣路易；右边是被英国人用火刑烧死的贞德。两尊铜像长年经受风袭雨浴日晒，铜锈蚀裹，通体碧绿，恰如翡翠雕琢一般，与白玉般的教堂相映生辉。据说整座教堂都采用一种叫“伦敦堡”的特殊白石，当这种石头接触雨水，便会形成一种白色物质，这种白色物质能使建筑在积年累月的

b

c

风雨冲刷中越变越白。因此，圣心大教堂在历史岁月的冲洗下是越来越雪白晶莹了。奶白色的建筑给人以安详圣洁的宏大美感，圣心教堂还被誉为巴黎五大婚礼教堂之一。

教堂建筑风格独特，建筑呈罗马-拜占庭风格，教堂后部有一座高84米的方形钟楼，居高临下，俯瞰整个巴黎城，似乎在任何一个较高的地方都可以看到它的存在。教堂以蔚蓝的天空为背景，洋溢着一种不可抑制的美丽与喜悦，也具有一种轻盈的精神性，与巴黎圣母院的庄重沉稳有区别，因此也成为巴黎画家笔下经常描绘的对象。虽然没有很悠久的历史，圣心大教堂依然是巴黎最美的教堂之一。

圣心大教堂是为平民修建的纪念堂，它是为救赎而建，所以显得很朴素，这在建筑风格上已经体现出来了，除了整体洁白，整个结构与装饰也都简单朴实，建成后的大教堂总长85米，宽35米。走进教堂，55米高、直径16米的大穹顶更显高远。圣坛半圆穹顶上那宏大的耶稣布道天顶壁画一下子就抓住了所有游客的视线，画中高大的耶稣身着白衣，伸开双臂站立中央，平举双手，想要把信仰他的世人纳入怀抱；他身后有光环，头上方是展翅飞翔的和平鸽；再往上是头戴三层宝冠的天父，只露头和双肩，右手结印，三指伸直，无名指和小指弯曲。耶稣两臂斜上方有两排天使恭敬站立，圣母随侍右侧，左侧为举旗天使，脚下为下跪的主教与卫士，他们的后面站着向上帝祈祷的各色人物。据说这是世界上最高的马赛克画了呢！教堂内也有许多浮雕和壁画。

圣心大教堂内的玻璃彩窗令人叹为观止，这些玻璃彩窗曾经在

a 圣心大教堂坐落于巴黎市中心北部蒙马特高地上，仿佛从巴黎城海上耸立出来，在巴黎四周很远的地方都能看到它，是巴黎最明显的地标。

b 以蔚蓝的天空为背景，奶白色的建筑给人以安详圣洁的宏大美感，洋溢着一种不可抑制的美丽与喜悦，也具有一种轻盈的精神性，与巴黎圣母院的庄重沉稳有区别。

c 圣心大教堂。

d 圣心大教堂的门楣上，雕饰着团花样的图案，墙上也有拉丁文的铭刻，但是都不影响立面宏大的体量感。

d

a

a 教堂正面高耸着两尊骑士立马铜像，一边是圣路易；一边是被英国人用火刑烧死的圣女贞德。两尊铜像长年经受风袭雨浴日晒，铜锈蚀裹，通体碧绿，恰如翡翠雕琢一般，却也与白玉般的教堂相映成辉。

b 穹顶上那宏大的耶稣布道壁画还是一下子就抓住了所有游客的视线，画中的耶稣平举双手伸向茫茫尘世中的信人，据说这是世界上最高的马赛克画。

1944年毁于第二次世界大战的战火中，1946年按原样修复。教堂深度短于巴黎圣母院，但光线明亮。不时有人跪于圣母浮雕像前默默祈祷，无人知晓他们在心中默念什么。有教士在布道，数十人静坐默听。教堂的祭坛正面，巨大的耶稣在十字架上垂目不言，为人类的原罪哀伤。教堂内四周烛光点点，白色和红色，既安静又温暖，进入教堂的游客收敛起在教堂的随意愉悦，缓缓地边走边看，在这里再静坐一会儿，浮躁的心情也会变得平和安详起来。而在圣心大教堂的后面，有一个空落落的院子，里面有幽幽的绿荫长廊，红绿相间的斑斓色彩在深秋里盎然。如果说在教堂和高地还是有些嘈杂的话，那这里便是一个静谧的世外桃源。

圣心大教堂内陈列着大教堂的建筑模型。教堂里还有一座全身雕塑，雕像手捧自己的头站立着，纪念的是最早把基督教文明传播到巴黎的殉教者——法国的主保圣人圣丹尼。他是巴黎第一位圣徒兼巴黎第一位主教。公元2世纪的时候，圣丹尼来到巴黎积极传播信仰，修建教堂，被很多虔诚的信仰者所拥戴。罗马统治者意识到了威胁，便逮捕了圣丹尼和他的伙伴，在蒙马特高地砍了他们的头。行刑之前天使降临，赋予圣丹尼等以神奇的力量，在被砍头的第二天，殉教者们又站了起来，他们捧起自己的头颅，在小溪里洗净了血污，又继续走到一个小村庄，在那里死去。公元630年左右，人们把圣丹尼的遗体安葬在那里，而后在圣丹尼墓上方建了如今非常著名的圣丹尼教堂。从公元7世纪起，一共有38位统治者被葬入圣丹尼这座法国皇家教堂，另有21位王后也陪葬在那里。心想有机会也去参观一下圣丹尼教堂。

参观圣心大教堂的那天晚上是圣诞前夜。圣心大教堂的钟声便在暗夜中响起来，据说这是全法国最大的钟，重19吨，叫萨瓦人钟，也是世界著名大钟之一。大钟由一只重850公斤的钟锤敲响后，全巴黎城都可以听到它那悠扬深远的钟声。晚上9点40分去大教堂，参加弥撒活动的人群已经黑压压地挤满教堂，没有了座位，连过道边廊都站满了人。游客与当地人混合在一起，在这个寒冷的夜晚感受一种圣诞前夜的莫名心绪。巴赫的钢琴赞美曲通过扩音器在教堂的穹顶回响，引起巨大的共鸣，动人心魄，气氛肃穆地营造着一个庄重的气场。前堂烛光闪闪，修女与修士身着白衣，一排排，在烛光照耀下像一大团暖烘烘的黄白雾光。雾光里传来吟咏圣诗的歌声，婉转的歌声飘荡在人群头顶，仿佛灵光洒下，众人低声吟唱《空谷的回音》：

b

a

a 耶稣愿意做罪人的朋友，最后悬于他自择的十字架上，显示出一种牺牲和救赎人类的美丽。想到此，一种感动隐隐升起，在胸中弥漫开来。

我是空谷的回音
四处寻找我的心
问遍溪水和山林
我心依然无处寻
哦，我曾经多彷徨
四周一无安息土
笑声留不住欢乐
眼泪带不走痛苦
我说生命不稀奇
一声叹息归尘土
放弃一切的追求
任凭潮水带我走
哦，我曾经多彷徨
四周一无安息土
笑声留不住欢乐
眼泪带不走痛苦
有人曾经告诉我
耶稣正在寻找我
他的爱能够保护我
他的手能够医治我
哦，我心中多快乐
我又见到那阳光
我的心紧紧跟随他
我的口还要赞美他
朋友你今在哪里
四处奔跑何时已

如果你仍愿意听
让我再来告诉你
耶稣基督救赎主
他曾满足心无数
向他倾诉向他哭
他必使你得饱足

白日看到的垂目耶稣，现在看上去好像要俯跌下来，张开双臂，似乎想要拥抱下面黑压压的芸芸众生。想起耶稣对被钉上十字架的强盗说：“今天你要同我在乐园里了。”耶稣愿意做罪人的朋友，最后悬于他自择的十字架上，显示出一种牺牲和救赎人类的勇气与精神。想到此，一种感动隐隐升起，在胸中弥漫开来。许多人信仰上帝，是因为他们无法在宇宙中找到最终的意义，无法面对现实的痛苦和终极的死亡。我不笃信某一种宗教，因为生活的意义和终极的追究，其实会有多种的答案与可能，我也因此在广泛的精神领域里不断地质疑，不断地探索。但是，我尊重一切宗教中善的东西，而且这种善应该成为所有宗教的基本出发点，成为彼此平等交流对话的根基，并因此构成人类多元和谐的信仰世界。

午夜12点离开教堂，巴黎刚刚下过一场小雨。湿漉漉的巴黎，看上去洋溢着人世间的欢乐气息。熠熠灯火更加清亮，在包容一切、笼罩一切的黑暗里，就像燃烧后灰烬中的火星。和妻子执手，相伴走过反射着黯淡清光的石子街道，往酒店去，街道上空无一人。

5.

圣女贞德教堂

Église Sainte-Jeanne-d'Arc

这熠熠生辉的教堂与纪念馆

a

法国的鲁昂城内，围绕圣母大教堂，也有大大小小的教堂三十多座。所有钟楼的钟声同时响起，在城市的上空汇成共鸣，该是怎样的一种震撼？因而鲁昂有“百钟空中响之城”的美誉。其中圣女贞德教堂算是新的，建于1979年，法国前总统瓦勒里·季斯卡·德斯坦曾为圣女贞德教堂揭幕。

百度百科是这样描述的：贞德原本是一位法国农村少女，她声称在16岁时的一日，在村后的大树下遇见天使圣米迦勒、圣玛嘉烈和圣凯瑟琳，从而得到“神的启示”，要求她带兵收复当时由英国人占领的法国失地。后来她几番转折，得到兵权，于1429年解奥尔良之围，并带兵多次打败英国的侵略者，更促成拥有王位继承权的查理七世于同年7月16日得以加冕。然而，圣女贞德于1430年在贡比涅一次小冲突中为勃艮第公国所俘，不久被英国人以重金购去，由英国当局控制下的宗教裁判所以异端和女巫罪判处火刑，于1431年5月30日在法国鲁昂被当众处死。贞德17岁时便成为闻名法国的女英雄，20岁时却惨遭处死。20年后，当英国人被彻底逐出法国时，贞德

b

年老的母亲说服教宗卡利克斯特三世重新审判贞德的案子，最终于1456年为她平反。1920年5月16日，由教宗本笃十五世封圣。

穿过有名的戈罗斯·奥尔罗日街（Rue de Gros Horloge）往西，就到了老集市广场，1431年，圣女贞德就在此广场被处以火刑，被处死的地方现在是花圃，红色和粉色的鲜花喧闹地盛开着，旁边墙壁边是手戴镣铐的贞德雕像——微侧着头仰天瞑目，脚下火焰线条盘曲而上，蜿蜒到背后的石碑上面。衣纹垂立的贞德宛如烈火中涅槃的凤凰。在雕像的脚下，低矮的半圆白色栏杆内，生长着默默无闻的粉色和紫色的花。

圣女贞德教堂位于市中心老集市广场，是一座天主教堂。教堂由建筑师路易斯·阿瑞彻设计，的确，如同旅游指南上讲的，教堂从外观看就像是一艘翻过来底朝上的维京船，维京人原是诺曼人的祖先，素来以勇猛顽强闻名欧洲史。也许，这就是教堂的设计师建筑构思的原点吧？建筑原可以从相关的历史中寻找灵感，并且将历史元素和建筑所要表达的内容结合起来，由此，不仅深化了建筑的主题，也展现

a　圣女贞德像，手戴镣铐，微侧着头仰天瞑目，脚下火焰线条盘曲而上，蜿蜒到背后的石碑上。衣纹垂立的贞德宛如烈火中涅槃的凤凰。

b　1431年，圣女贞德在此广场被处以火刑，被处死的地方现在是花圃，红色和粉色的鲜花喧闹地盛开着，活泼地展示着现世生活的和平与繁华，让历史退到记忆遥远的深处。

a

出圣女贞德英勇不屈的一面。

贞德遵从“声音”，以预言者的方式站出来，成为民众的领袖，身先士卒，英勇奋战。我觉得她不过是被查理王储利用而已。贞德曾经中箭负伤，不安地哭了出来，这

一个细节让人们感觉到她只不过是个小女孩，一个普通的农家少女，最后又落得如此惨烈的下场，伤感之余，令人深思之处也是很多。现在这座教堂既是纪念圣女贞德的教堂，也是纪念这位女英雄的民间纪念馆，吸引了大批国内外游客。外面的大十字架便是贞德火刑纪念柱，圣女贞德教堂就建于贞德殉葬的原址。建筑以板岩或铜制鳞片做顶，犹如鱼鳍面向大海方向，灰色的屋顶也像迎风而起的桅帆，轮廓线具有强烈的视觉动感。

教堂虽然现代，但是内部有目前保存最好的文艺复兴时期法国第一批彩绘玻璃窗，描绘了早期诺曼人的生活故事。由于现代建筑支撑结构技术的作用，教堂的彩色玻璃窗占据了一个墙面的绝大部分，上面到顶，使得教堂拥有很好的采光。教堂内部有着弧形肋拱条的木色天花板，也是模仿船只的甲板建造，彩窗下面的窗户造型也像抽象的鱼形。13块绘于1520—1530年的彩色玻璃原属于圣文森特教堂，教堂于1944年在“二战”中被毁，珍贵的彩色玻璃在开战初被取下保藏从而幸存。其内容是关于圣母、圣安娜以及《圣经》中关于

a 广场的中央建有现代风格的圣女贞德教堂，从外观看就像是一艘翻过来底朝上的维京船。

b 教堂虽然现代，但是内部有目前保存最好的文艺复兴时期法国第一批彩绘玻璃窗，描绘了早期诺曼人的生活故事。

b

a

b

施洗约翰和使徒的故事。这些彩色玻璃重新被用于建造圣女贞德教堂，让教堂因此熠熠生辉，教堂在2002年被列入法国历史遗产名录。另一所风格独特的圣女贞德教堂则坐落于尼斯，建于1926年至1933年，造型现代，通体为白色，因而有“蛋白”这个昵称。

a　圣马可卢教堂是典型的哥特式风格，教堂的正立面有尖弧和复杂雕饰的门拱，是典型的火焰式风格，因此弱化了立面的体积和量感。

b　梦幻般的五边形西立面被雕饰成一曲由尖角装饰的对角线所组成的复调音乐，坚固的墙体由此被消解成一片热情活跃的飘雾与闪烁，令人难以察觉地消散在鲁昂的晴空中。

c　北面侧墙柱上的两个人物雕像，双手已经残断，但是微笑的表情犹如灿烂的阳光，消除了石头的冰冷，令人难忘。

广场周围多有教堂，往北有圣帕特里斯教堂，从此往东，紧挨美术博物馆的东边有圣戈达尔教堂，再往东北一点是圣路易教堂。从圣路易教堂往东南就是圣维维安教堂，圣维维安教堂西边是圣旺教堂，圣旺教堂南边是圣马可卢教堂的前庭，再往南就是圣马可卢教堂。这些教堂均有可参观之处，游客却较少。信步走到圣马可卢教堂，1437—1521年建造的圣马可卢教堂正在修缮，教堂尖锐的高塔直插云天，是典型的哥特式风格，教堂的正立面有尖弧和复杂雕饰的门拱，是典型的火焰式风格，因此弱化了立面的体积和量感，有锐利向上的感觉。梦幻般的五个门拱两边向后翻卷到侧立面，层级划分的形式突出了中央大门。作为围栏式元素的山墙饰被摇曳的窗花格布满，纯粹的装饰形式具有轻快活泼的效果，因此整个西立面被雕饰成一曲由尖角装饰的对角线所组成的复调音乐，坚固的墙体由此被消解成一片热情活跃的飘雾与闪烁，令人难以察觉地消散在鲁昂的晴空中。只有北面侧墙柱上生动的人物雕像，消除了石头的冰冷，栩栩如生的微笑令人难忘。

教堂内的玻璃窗瘦长，但是玻璃画构图复杂，以至于画面主次难分。玻璃画虽然线条细密，但是色彩单调，没有寻常的缤纷色彩，因为其间充斥大量的白色玻璃。而悬空的十字架则是引人驻足，仰头观看和拍照，而十字架上的耶稣垂着头俯视着人们。从圣马可卢教堂往西一点就又来到圣母大教堂。鲁昂圣母大教堂是辐射式风格的哥特建筑，它具有一种新的活泼风格，形成了哥特式中晚期的严谨的样式。

c

6.

圣母大教堂

Notre Dame Cathedral

莫奈的画让教堂无比璀璨

圣母大教堂又叫鲁昂大教堂。来到了诺曼底的鲁昂，第一件事情就是要看一看莫奈画过的圣母大教堂。2004年初秋，印象派画展在中国举行，在莫奈的作品里，法方最初提供了一幅《鲁昂大教堂》，在中方选画人员的争取下，又争取到了巴黎玛莫堂博物馆馆藏的一幅。这样，莫奈就有两幅来到中国。我曾经参观过奥赛博物馆，奥赛博物馆藏有三张莫奈的《鲁昂大教堂》。据说莫奈画了三十多张鲁昂大教堂，谱写了光与色的鲁昂大教堂交响曲。鲁昂的美术馆里也有一幅莫奈描绘阴天里的鲁昂大教堂，其色调更近接我眼下看到的灰白鲁昂大教堂。

此刻还是早晨，街上的人不多。先是走到圣克卢教堂，教堂正在维修。等到从圣母大教堂的侧面街上走到正面，一下子就被它的宏大所震惊。圣母大教堂是法国最大最宏伟的哥特式教堂，也是欧洲第四大的教堂，始建于1318年的鲁昂大教堂16世纪才算完成，之后事故不断；16世纪晚期，建成不久的教堂在法国宗教战争

a

b

中遭到严重破坏；17世纪到18世纪，教堂数次被闪电击中引发火灾；19世纪，教堂文艺复兴风格的尖塔被闪电击毁，随后新哥特式的铸铁塔尖替换了原来的木塔尖，151米的高度让鲁昂大教堂成为当时世界上最高的建筑，直到1880年被科隆大教堂超越；20世纪，教堂在1944年的盟军轰炸中遭到了严重的毁坏，战后修复；1999年席卷欧洲的飓风刮倒教堂一个重达26吨的角楼砸坏了回廊……教堂历经磨难不断修缮直到今天。

教堂两边各一座塔楼。左侧是圣罗曼塔楼，右侧为波尔塔楼，风格不同，立面上的雕刻虽然风化和破损，依然可见精致。教堂正面的两侧及上部粉白，而中间正门以下呈现着深黑，并非莫奈画中那充满色光的样子。所以，实际上色光的观察让莫奈看到了丰富的色彩，并强调性地描绘了出来。教堂前的广场并不大，站在对面的商店前，无可退缩地抬起头来观看逆光中的高大教堂，似乎深重地壁立着，一种迫人的感觉扑面而来。据说莫奈曾经在1892年到1893年租住在教堂对面店铺楼上的一个房间里，也许打开窗帘就可以看到教堂。这样随时可以下来写生，莫奈大致从三个不同的位置写生，同时张起数块画布，每当光线偏移，就立即在另一幅相应的画面上作画。努力捕捉色调和明暗的变化，想象莫奈站在街边写生的样子，不知道会不会招

a　既然来到了诺曼底，似乎到鲁昂去看一看莫奈画过的圣母大教堂就是必然的事情。

b　等到从圣母大教堂的侧面街上走到正面，一下子就被它的宏大所震惊。教堂前的广场并不大，站在对面的商店前，无可退缩地抬起头来观看逆光中的高大教堂，似乎深重地壁立着，一种迫人的感觉扑面而来。

来无数的旁观者，假如我是同时代人，我一定会守在莫奈身边……这样想着，似乎看到了莫奈正面对着教堂，眯着双眼看光线，嘴里喃喃地嘟囔着，开始在画布上用木炭画上几条标记线。

“光线大约持续多长时间才明显看出来变化呢?”

我轻轻地问，唯恐打扰了莫奈。

“这是很糟糕的，光变了，颜色也要随着变。颜色，一种颜色，它持续一秒钟，有时至多不超过三四分钟。”

莫奈说着，挥动着长长的画笔，只管把颜色在画板上并列、拖动、

a　莫奈《鲁昂大教堂》。瞬间成为美的条件，这是莫奈给我的启示。由此，理性的美学有了感官的介入。如何创造色调，能够从阴影里看出色彩的变化，我想没有人能够超越莫奈。

a

皴擦，笔尖像是啄米的鸟喙。

“这样，你就能够画完吗?”

“这样，我就只能在三四分钟内做我能做的事。一旦错过机会，我就只好停止工作。”莫奈说着，停下手中的画笔，眯着眼看阴影中的大教堂。

“哦！我多受罪，画画使我吃多少苦头，它折磨我，伤害我。”莫奈叹息一声，看着变化了的光线，将架子上花了一个多小时的画拿了下来，换上了另外一块绷好的画布。

同一主题的教堂写生成为一种持久耐心的艺术实验，从清晨到黄昏，从晴天到阴天，对色彩变化的痴迷让莫奈魂牵梦绕：“我梦见，教堂不知怎么倒了下来，压在我身上；其颜色好像变成了蓝色，但很快又变成玫瑰色，最后竟又变成了黄色。”变化的光线造成了色彩与色调的变化，让画家无法持续地进行描绘。于是不同时辰的色调差异就成为画家审美表现的焦点，画家的注意力不是集中于景物形体塑造，而是专注于景物表面色彩与周围的空间环境效果上，塔楼大门、三角楣、拱形曲线、小连拱廊、尖形拱肋，以及精细雕刻都转化为斑驳丰富的色点，由此也形成了莫奈《鲁昂大教堂》的系列特点，通过一种“粗糙而又黏稠”的笔法描绘教堂早中晚的不同色彩与色调，这都通过教堂立面的受光、门洞的背光以及反光所形成的微妙色彩变化得以呈现，最后形成光线在教堂上的色彩“悲喜剧”。艺术评论家古斯塔夫-热弗鲁阿在欣赏了莫奈二十几幅有关教堂的绘画后，称赞这些画“画出了生命在光线变幻的时时刻刻所呈现出的永恒美”。

这种永恒美却是局限于表达在一定条件下，景物在不同光线中给画家留下的瞬间印象上。瞬间成为美的条件，这是莫奈给我的启示。不再是固定与静止不变，不再是唯一角度的透视幻觉，时间在视觉中发生的变化，不仅看到时间在物象上创造着色彩的奇迹，也反过来从物象的表面形式上看到了永无止境的内在质变。人的意识太依

a

b

赖于概念，而瞬间往往会因为易逝而容易被忽略。概念相对于片段的真实显得苍白。而且，瞬间抛弃了永恒的意义，把眼光吸引在事物本身，或者说仅仅是把绘画自身当作一种事物进行创造的对象。绘画因此从自然中解放了出来。由此，理性的美学有了感官的介入。如何创造色调，能够从阴影里看出色彩的变化，我想没有人能够超越莫奈。

上帝说，要有光，于是就有了光。而莫奈追踪着光，描绘着光。我对虚空中的莫奈点点头，转身走进教堂。

里面没有太多的装饰，朴素、单纯，因此就有了空旷的感觉，也有效地把注意力引向建筑本身，穹顶和哥特式的拱梁形成了强烈的形式感，增加了一种在罗马式建筑中不易找到的崇高感。而光成为教堂最大的渴望，因为光是神性的象征，这一点倒和莫奈对光的崇拜暗合。15世纪的彩色玻璃镶嵌画异常鲜艳美丽，在深黯的空间里引人注目。与此相对，建筑的简洁线条沐浴在从窗口射进来的阳光下，有一种清晰朴素的审美感觉。此时，管风琴的音响在空间里低回。

实际上，等眼睛适应了光线，教堂里还是有一些东西的。墙上悬挂着宗教油画，内容与风格却并不引人注目。有一些风化的雕塑排列在教堂深处的墙边。风化成圆柔的脸庞，五官模糊了，但还是能够显露出表情，这表情也是含糊的，似乎带着安慰的笑意，或者还有一丝惆怅，在教堂昏暗的光线下静静地待着，没有搭理彼此，但也还是和谐安详地在一起。而躺在石棺上的雕像，显出一副严峻的表情。教堂里安葬着安茹王朝的数位王室成员，英国国王狮心王理查的心脏也安葬在这里。这些几乎和莫奈的画没有任何联系。莫奈，感兴趣的只是这教堂的表皮；内里，与他的世界无关。

走出教堂，心里还在掂量，到底是教堂本身还是莫奈的教堂写生给我留下的印象更深刻？这一年英法两国合作了一项欧洲文化复兴计划，所举行的文化活动之一就是将鲁昂大教堂的正面变成一幅巨大无比的画布，在上面用激光投射出莫奈的教堂写生画，让观众欣赏一幅幅画的投影，与教堂融合为一体，让教堂生发出璀璨的艺术之光。那么，我这个问题还是问题吗？也许，这仍然是一个问题：是教堂沾了莫奈的光，还是莫奈借了教堂的光？

a　教堂里面没有太多的装饰，有效地把注意力引向建筑本身。穹顶和哥特式的拱梁以及墙壁的半柱式竖线增加了一种在罗马式建筑中不易找到的崇高感。而光成为教堂最大的渴望，因为光是神性的象征，这一点倒和莫奈对光的崇拜暗合。

b　教堂内的一段石雕楼梯，辗转引向上层。栏杆上有十字雕饰图案。

c　彩色玻璃镶嵌画图案繁复，不易看出主题内容，只是异常地鲜艳美丽。

c

7.

圣米歇尔山修道院

Mont Saint Michel Abbry

高耸在岛上看大海潮起潮落

a　圣米歇尔山就是海边的一大块岩山。整个岩山修建了修道院和住所，因此形成了一个巨大的三角形，最高的地方就是教堂的尖塔。它像从天而降的一座山，完全是一个奇迹。

圣米歇尔山修道院位于诺曼底和布列塔尼之间的海面上，从圣马洛（St. Malo）驱车往圣米歇尔山方向而去。车子在路上行驶了一段时间，就从窗外看到地平线上孤零零地矗立着一个灰色的剪影，心里奇怪那里怎么会有一个这样巨大的建筑，车子转来转去，灰影一会

a

b

c

儿在前，一会儿在侧，最后车子顺着公路朝灰色剪影开去，唯一的一条道路蜿蜒地指向那座显眼的剪影，眼看着剪影越来越清楚，一个有着教堂尖顶的岛山出现在眼前，原来这就是目的地圣米歇尔山！

高约80米的圣米歇尔山就是海边的一大块岩山。整个岩山修建了修道院和住所，因此形成了一个巨大的三角形，最高的地方就是修道院的哥特式尖塔，塔尖上的大天使米歇尔手持利剑的镀金雕像金光闪闪，成为一个最引人注目的形象。尖塔和雕像是1879年添加上的。尖顶锐利，仿佛是一声呐喊，刺穿天空。山与修道院建筑成为一体，无所依傍地矗立在沙滩上，旁边绝无其他的礁岩、建筑，因此，圣米歇尔山就像从天而降般突如其来，鲜明突兀，不可解释，完全是一个奇迹，于是拥有了宗教渴求的神异性。

任何修道院都不如圣米歇尔山修道院选择的地点好，因为很难有人想到在那个孤零零的小山上建修道院。这片小山，并不足以建立起一个城市。长长的栈路通到圣米歇尔山下，两边是辽阔的草地浅滩；靠近圣米歇尔山的地方，海水漫涨上来，围绕着孤山，一片茫茫。其实，孤山原与陆地相连接，历史上一次呼啸而来的特大海啸吞没了原有的森林，这个地方就变成了与陆地相分离的小岛。这里的潮水落差极大，有时会达到14米，因此涨潮的时候，连接蓬特逊的堤路也会被淹没，这时的圣米歇尔山，就真正成了海水中的孤岛。小岛就像是抛锚的一艘大船，无所依傍地矗立在那里。

据旅游指南上记载，8世纪初的708年，阿夫朗什镇主教奥贝遇大天使米歇尔显灵，在梦中听到圣米歇尔的告诫，并在其脑颅上点开一个洞，让他在此地修建修道院。于是奥贝在岛上最高处修建了一座

b 回旋处、瞭望台和悬空小花园虽可流连，但是无奈人流簇拥着停不下脚步。

c 圣米歇尔山从山门的入口处到山顶的修道院，上下只有一条窄小的山道。沿石板路盘旋而上，窄小的街边是拥挤的旅游品商店、饭馆。

a

a　修女侧影。

b　中古便存的石造房屋在不经意处伸出它的阳台和窗户，此时是隔空而望，彼时就会走在它的屋顶上，局促的地盘，紧紧地攀附着众多的房屋。

小教堂，奉献给大天使米歇尔，这座圣米歇尔山修道院的教堂始建于1023年，工程长达百年，后历经火灾和修缮。世界上许多奇迹产生的灵感，通常被创造者自称是被托梦了。托不托梦，是一个无可追究的托词，但是，如果是想到这里来建修道院，那一定具有非凡的想象力和勇气。或许，奥贝是见过这一片孤岛的，孤岛的独特或可激发他的想象，将之与教堂联系起来。这一点，也已经被现在所证明。因为圣米歇尔已经被称作“世界第八大奇迹”，是天主教除了耶路撒冷和梵蒂冈之外的第三大圣地，也于1979年被联合国教科文组织列入了“世界文化与自然遗产”名录。

如今，圣米歇尔山吸引了无数的游客，在堤路上汇成人流涌向山下，这情景是壮观的。从山门的入口处到山顶的修道院，上下只有一条窄小的山道。沿石板路盘旋而上，窄小的街边是拥挤的旅游品商店、饭馆。回旋处、瞭望台和悬空小花园虽可流连，但是无奈人流簇拥着停不下脚步。中古便存的石造房屋在不经意处伸出它的阳台和窗户，此时是隔空而望，彼时就会走在它的屋顶上，局促的地盘，紧紧地攀附着众多的房屋。

终于走到半山的修道院门口。从修道院的城墙上回身眺望，只见内陆烟气渺渺，沙鸥上下翻飞，山脚下的人群如蚁，纷纷攘攘地蠕动。不由地想起历史上圣米歇尔山修道院曾经经历了大规模的儿童朝圣高峰，由于在百年战争(1337年—1453年)中修道院修士勇敢抵御英军的入侵，圣米歇尔山始终未被英军占领，战争之后，圣米歇尔山声名远扬，几千名7岁～15岁的男孩女孩离开家乡和父母亲人前往圣米歇尔山朝圣，两人一排列成整齐的纵队穿越法国，口中高喊着“为了上帝我们前进，向着圣米歇尔山前进！”许多孩子惨死于途中，最终宗教当局出面干涉，谴责和制止了这场狂热的儿童朝圣。

走进修道院，凉森森的一股寒意扑面而来，修道院有高大的屋

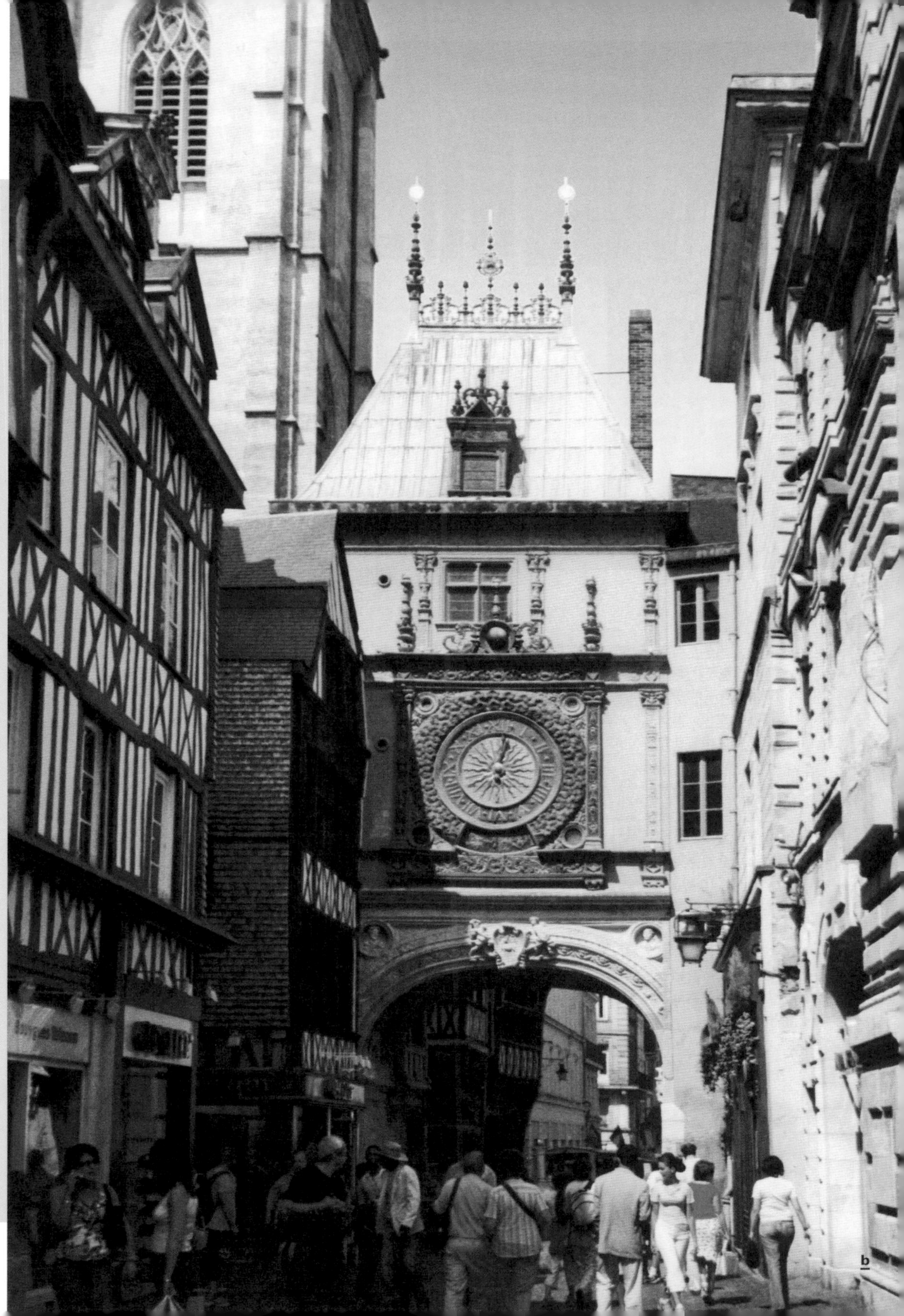

b

b

a

c

顶、深黯的空间，古老的岩壁，有中世纪餐厅、回廊、祈祷室，但是显得有些空荡荡，朴素得几乎没有任何装饰，多少无法和外在的壮观相配。或许，这样的环境最适合修士们忘却人间的繁华，潜心静修。而在历史上，修道院曾被路德维希十一世下令在潮湿黑暗的屋子里安上“臭名昭著”的铁笼子，囚禁最危险的犯人。拿破仑一世统治期间，这里曾被用作国家监狱，似乎这样的环境很容易激发产生这样用途的想法。一个天井回廊显得有些特别，纤细的紫色大理石廊柱形成一圈四方的回廊，白色的柱头已经有些风化，雕饰的花纹已经不清楚了，但还是看得出来是中世纪罗马与哥特风格的混合。或许特别虔诚的信徒，会手摸着圣棺和圣像悲伤默哀。在庭院里有一些罕见的草木绿色，让修道院因此有了一点生气。

要在岛山上建成如此规模的修道院，需要极高的艺术造诣和建筑技巧，若干地下小教堂构成的平台承受着山顶的拉梅赫维尔教堂。依据金字塔山形围绕的花岗岩巨石，自下而上重叠构架的精巧结构和底层贮藏室狭窄的翼廊提供了支撑作用，建筑物的外侧也有扶垛的有力支撑。在一间间空洞无物的房间里穿行，没有什么装饰艺术、宗教绘画、圣器陈列，未免会让人感到乏味，却是有利于修士的祈祷与工作。教士的隐修需要与地形的限制，形成了圣米歇尔山修道院的建造条件，只有到了运卸货物的房间，看到了当年用于传送食品货物的巨大转轮，才感到了一点看头。转动木制巨轮来收回盘在轮上的绳子，货物就可以从山脚下被吊装上来。从小窗口看出去，眼前是一片茫茫

a/b/c 走进修道院，凉森森的一股寒意扑面而来，修道院有高大的屋顶、深黯的空间，但是这空间也显得有些空荡荡的，朴素得几乎没有任何装饰，仿佛一间巨大的仓库，多少无法和外在的壮观相配。天井回廊显得有些特别，纤细的紫色大理石廊柱白色的柱头已经有些风化，雕饰的花纹已经不清楚了，但还是看得出来是中世纪罗马与哥特风格的混合。

d 夜晚的圣米歇尔山最具神秘色彩，在五颜六色的灯光照耀下，圣米歇尔山在黑沉沉的海上显现出有些怪异的辉煌。

的海水，往下看，是陡峭的山崖。

走到拉梅赫维尔教堂外的回廊平台极目远眺，这时，天上流云涌动，阳光透过云层落在大西洋海面上，海面变幻着不同的颜色，不同的黄、蓝、灰快速地变幻，犹如神迹显现，令人敬畏。此刻，整个圣米歇尔山就是一座大教堂。在大西洋波涛中宛如一艘航船，迎风向浪，永不沉没，天地浩渺，舍我其谁。

辗转穿行，最后走到纪念品商店。商店里摆满了各种圣米歇尔山的明信片和海报，其中以夜晚的圣米歇尔山最具神秘色彩，在五颜六色的灯光照耀下，圣米歇尔山在黑沉沉的海上显现出有些怪异的辉煌。购买了一张明信片，是涨潮时的圣米歇尔山，海水淹没了通往圣米歇尔山的道路，海水中的圣米歇尔山就像洪水中的挪亚方舟，因此就有一些警世的意味，或许，修道院建立在这里的意义最可于此意会。

从修道院出来，一下子感到了天光的明亮，虽然天依旧是阴沉的。宗教的狂热与非凡想象力的结合，宗教的虔诚之心与建筑创造天分的结合，结果往往不同凡响。但是过度的旅游化，已经让修道院失去了宁静与安详，大量的游客充斥其间，生出喧嚣与嘈杂。圣米歇尔的美，只有在宁静无人时才会显现，或者只可远远地加以观看和体会。

d

8.

福维埃圣母教堂

La Basilique Notre-Dame de Fourvière

在福维埃山顶上守护着里昂

旧城区的福维埃山丘看上去并不高，顺着街路走上去也就是20分钟的事儿。但是，山顶矗立着白色的福维埃圣母院，也称圣母教堂，一下子就使得山丘感觉上高耸起来。如果漫步索恩河边，抬头总

a

b

c

能看到河西岸山顶上宏伟的白色圣母教堂，这也是里昂最具象征意义的标志性建筑。

乘坐爬山的电缆车，在隧道中隆隆地往上行，红色的车厢里基本上都是老年人。缆车抵达了终点，从出口的台阶上去，隔着马路就看见高耸入云的福维埃圣母教堂，说出“高耸入云”这样空洞的词，是因为想不出更好的词来形容。但是，占领制高点的教堂总是这一片风景里最醒目的地标，一如每一个村庄里的教堂。

从福维埃圣母教堂左侧的平台上可以俯瞰里昂城市。一望无际的红瓦屋顶铺盖过去，犹如红云笼罩着城市，显现出生气和妖娆，看穿城而过的索恩河与罗讷河，缓缓流动着，暗示着时间与生机。刚才在山下的老街上望山上的教堂风姿，确乎也是妖娆得很，那么，教堂和里昂如若有情，自是“我看青山多妩媚，料青山看我应如是”了。青山是自然的产物，而教堂与城市是人类双手塑造出来的，并不亚于自然的手笔，是所谓“巧夺天工”的意思了。1870年，里昂总主教向天主教徒许下愿来，如圣母能显灵让里昂免于普鲁士军队的破坏，将扩建圣母院以感谢圣母。里昂人民的祷告最终如愿，教堂从此成为里昂市守护神圣母玛利亚的象征。

眼光投射在流淌的河水上，想着种种有趣的念头，不自觉地嘴角微微现出一个笑意。一边抬起头仰望教堂，一边体会着那巍峨的感觉。说起来教堂的历史并不长，于19世纪在普法战争中为了祈求战

d

a/b 教堂融合了拜占庭和中世纪风格，正面两边的高大古堡塔楼，各自顶上卓然而立着一个十字架，这倒是不常见于其他教堂正面的设计。右边相连的圣母礼拜堂塔顶上圣玛利亚塑像金光闪闪地耀眼，是一种崭新的感觉。

c/d 教堂基本是金灰两色，金色装饰的屋顶，灰色的柱子和侧墙，侧堂上有壁画。

争的胜利而建，建筑融合了拜占庭风格和中世纪风格。正面两边的高大古堡塔楼，各自顶上卓然而立着一个十字架，迷人而且愉悦，这倒是不常见于其他教堂正面的设计。右边相连的圣母礼拜堂塔顶上的圣玛利亚塑像亭亭玉立通体镀金，在阳光下的蓝天里金光闪闪，是一种崭新璀璨的感觉。教堂正立面气派而坚实，正门前正中有有翼卧狮石雕，石狮下有门通向地下。据说，教堂的地上部分献给圣母玛利亚，地下部分献给圣约瑟夫。从石狮两旁拾级而上，三拱门由四个有冠石柱支撑，正中便是大门，门上楣正中有合掌的圣母玛利亚雕像，表情生动，两边一排雕塑群像，祈祷、哀伤和恐惧的动作与表情令人印象深刻，教堂外立面的浮雕和雕塑都值得细细品味。

教堂里的顶部装饰布满华丽的图案，金色与粉绿色用得较多，倒也不显得花哨，廊柱冠上有同一动作的天使雕塑，礼堂宏伟高大，祭坛金碧辉煌，教堂墙边有忏悔室，墙上有精美的镶嵌画和壁画，描述里昂当地宗教盛事和重要宗教人物的马赛克壁画是这教堂的亮点，大量采用金粉设色，金色在壁画中闪闪发光，彩绘营造着一个梦想的空间，意图以此与天堂相连接。而阳光照射着彩色玻璃窗，制造出万花筒式的斑斓与闪烁，祭坛穹顶部的装饰也是精细繁复，图案里有浮雕金色天使，下面一圈红色的飞翼天使。与此相映照，底部窗边拱门支柱上各自站立着有翼天使的全身雕塑。教堂内也有圣母与圣婴、耶稣受难等雕塑，烛台上摇曳不定的红黄蓝烛光营造着一种教堂特有的神秘气氛，此时教堂里正在举行弥撒，领唱的女孩子二三十岁的样子，心沉自若，边唱边摆动着手臂指挥信众们，扩音器传来她那悠扬的声音，压倒了下面信徒们深沉得有点沉闷的歌声，打拍子的手臂动作像海鸥轻盈地颉颃。下面黑压压的人众应和着，浑厚的歌声衬托了女孩子青春的声音，好像一片绿林上飞过一只百灵鸟儿。

在教堂最后面的长椅上孤独地坐着一个老人，佝偻的身躯瘦弱得有些扭曲，歪着脑袋垂着头，纷乱的灰发也垂下来，遮掩了脸上的表情。在教堂的歌声中听不到老人的声音，只见微微摇动着的身体，就像秋风中抖动的枯叶。但是，这是一个宜人的初夏，是万物生长最茂盛的季节。一个黑人中年妇女跪在侧厅的圣玛利亚像下祷告，口中喃喃自语着，雕塑彩绘的圣玛利亚高高地站立着，脸颊上透着娇嫩的粉红，色彩妩媚至柔，嘴角含着一丝微微的笑意，看上去健康而喜悦。

一个中年人显然是迟到了，匆匆地走到书桌前拿起一本《圣经》，边走边翻看着，走到了信众的最后一排；一个年轻人要离开，走到了门口，转过身面对着教堂正面在胸前画了个十字，然后推门出去，回身关上了教堂沉重的大门。歌声仿佛被截断，在墙壁和大门上弹射回来，突然变得浑厚起来。

a　教堂的石柱基座雕饰着灵鸽，柱冠是精细的卷叶草雕刻，正堂和侧堂穹顶布满繁华的装饰纹样，整体的雕饰效果是富丽的。墙壁高处并不引人注目地矗立着一些石雕像。

a

9.

圣让首席主教教堂

Primatiale St-Jean

历史的见证者身披幻化的光影

从山丘上坐缆车下来，走几步就走到圣让首席主教教堂。教堂前有一个小的广场，沐浴在正午的阳光下。站在广场上回头望，可以看见山丘上的福维埃教堂，妖娆的风姿在山丘下看更完整，在一堆丰饶的浓绿中峭立着，明丽的乳白被夏季的湛蓝天空所衬托，金色的雕像就在教堂的顶上闪耀着，我几乎忘记了曾经在教堂里面看到的，就只

a

b

是被教堂喜气洋洋的外观所打动。这外观俏丽得一点历史的痕迹都没有。

圣让首席主教教堂与索恩河相依偎，周围的环境非常清雅宜人，站在教堂前广场中央的喷泉边，巴蒂斯特喷泉传说是耶稣基督受洗礼的地方。把眼光低下来，看着小小的亭子里耶稣受难的雕像，雕像是看不清面目的黑，沉浸在阴影里悄然无语。正午的阳光是如此年轻，放肆而奢侈地投射在广场上，明亮得让地面成了惨白。中央喷泉兀自哗哗地流着水，流水声带来一丝的清凉。一个长着花白胡子的老人走到水池边，脸上浮现出一种儿童般清澈的微笑，用手指蘸了蘸圆池里的清水，然后在胸前画了个十字，步履蹒跚地走开了。滴落在地面上的点点水印渐渐地在阳光下缩小、变浅、消失，仿佛一切都未曾发生过。

手里翻看圣让首席主教教堂的介绍：教堂于公元1180年开始建造，完成于1476年，历时3个世纪才竣工。钟楼的造型没有福维埃教堂鲜明，教堂正面完全对称，高44米，有3个层层叠进的尖拱顶形制大门，大门的顶部门楣的弧形尖锐地向上，形成明显的线条，大门中间大两边略小，门扇用胡桃木制成，拱顶上有280个小型雕像。中间有着巴黎圣母院一样的大玫瑰窗，1392年完成，彩色玻璃极其艳丽繁复。最高处是一个巨大的三角形立檐，左右两侧分别是玛利亚和天使加百利的雕像。

灯光节是法国里昂的一个宗教节日，圣让首席主教教堂一直以来都是灯光秀的主阵地。每年的灯光节都会把这里照得非常绚丽，在2016里昂灯光节上，Red System公司携手法国艺术家Yann Ngue-

a 里昂大主教享有首席大主教的地位，因而他的座堂冠以首席大教堂的名称。在这个教堂经常举行各种典礼，让教堂成为里昂历史事件的发生地。

b 阴影里的教堂也显得有些阴沉，与福维埃相比，展现出更为古老、陈旧的色调，透露着岁月的疲惫和艰辛。

c 把眼光低下来，站在广场中央的喷泉边，看着小小的亭子里耶稣十字架上的雕像，雕像是看不清面目的黑，沉静在阴影里悄然无语。

c

a

ma及Ez3kiel乐队，以大教堂正面为背景，共同打造了一场精美绝伦的3D投影秀。教堂上下时而变幻为肆意流淌的瀑布，瞬间又变化为随风飘荡的华毯，让教堂立面扩张、鼓起、放射、破碎，变幻万千，绚丽迷人。2019年的灯光秀则呈现了沧海桑田的宇宙变幻。水之出现、细胞萌芽、动植物到来、物种更迭、人类诞生、时代发展、预演未来……在古老教堂的背景下，精湛而富有诗意地追溯了人类的进化，也质疑了未来。

教堂是历史的见证者。里昂大主教享有首席大主教的地位，因而他的座堂冠以首席大教堂的名称。在这个教堂经常举行各种典礼，让教堂成为里昂历史事件的发生地，例如教皇约翰二十二世加冕典礼就在这里举行，还有于1600年举行的法王亨利四世与王后玛丽·德·美第奇的盛大婚典。阴影里的教堂也显得有些阴沉，与福维埃相比，展现出更为古老、陈旧的色调，透露着岁月的疲惫和艰辛。这苍老让人想起乔伊斯小说里的一句话："顶好是正当某种热情的全盛时刻勇敢地走到那个世界去，而不要随着年华凋残，凄凉地枯萎消亡。"这话说得是饶有深意，自己禁不住琢磨起来，心里想着那个世界的意味。

教堂侧门的石柱边，坐着一个裹着黑头巾的老妇人，伸着手，低着头，带着一个穿红衣服的小女孩在乞讨。小女孩只管跑来跑去地玩弄着手里的一张字纸。衣冠楚楚的人们从老妇人的身边走过。耶稣说，"你们听见有话说：'应当爱你的邻居，恨你的仇敌。'只是我告诉你们：'要爱你们的仇敌，因为那逼迫你们祷告。'"这的确是一种超越本性的大爱，一种诱人的理想道德原则，是否可以实现，没有人会坚信，也没有人去身体力行，也不把它作为一种现实的教育内容。能够

a　教堂朴素，几乎没有装饰的穹顶，灰紫色的大理石圆柱，倒显得教堂的拱肋分外地突出。

b　教堂高耸的圆柱上装饰着有800年历史的彩绘玻璃。

爱邻居就不容易了，更别说是爱敌人。作为一种可以想见的乌托邦，能够赢得如此众多、如此长久的尊重，也是极为有趣的。

给那伸出的手递过去几枚硬币，推开木门，走进教堂的黑暗中。歌声从深邃的教堂里传出来，像山泉出山时的流水余音。

两排高大的廊柱把教堂分割为三个长条形，两侧分布着多个小礼拜堂。小礼拜堂的廊柱、契石和拱顶多被施以精雕细刻的作品，一些小礼拜堂内都收藏了为数不少的15至19世纪绘画作品。但是，整体感觉教堂内比福维埃圣母教堂显得简朴，宗教题材的油画比福维埃的更加引人注目。彩窗描绘的风格并不统一，一些彩窗的图形带有现代造型的抽象性，一些彩窗则带有写实风格，有一些则是图案化风格。祭坛穹顶的肋拱间的玻璃彩窗描绘了站立着的使徒形象。正中下面则是昏暗中隐没在墙上的耶稣受难像，下面有更大的一圈彩窗，祭坛本身倒很朴素。中午12点到下午4点，教堂内15世纪的天文钟会出现可爱的机械娃娃，每一小时演出一次圣灵降落人间的故事。

圣让首席主教教堂朴素，几乎没有装饰的穹顶，灰紫色的大理石圆柱，倒显得教堂的拱肋分外地突出。教堂里正在做弥撒，空间里有一种肃穆的气氛，祭坛边一个穿着黑色西服的男人摆着手臂指挥唱歌，像一只黑色的大鸟在人群上空飞翔。

b

10.

斯蒂凡大教堂

Stephansdom

墓穴之上的钟声飘荡在天空

a　斯蒂凡大教堂是全世界最著名的哥特式教堂之一。但是，斯蒂凡的哥特风格里夹杂了一丝多样性的因素。

b　从外观看，教堂侧面的窗棂拱门的图案装饰极为精致，复杂得几乎不留平面。动物雕刻从壁檐上探出身来，石雕人像依靠在花窗间的墙壁上。热烈的阳光照耀着这一切，显示出无数明暗和凹凸。

顺着维也纳市中心煤炭集市广场溜达，街尽头右拐就是热闹的商业步行街格拉本（Graben），来自世界各地的游客像灿烂阳光下的过江之鲫，熙熙攘攘地来来去去，带着一种有点疲惫慵懒，又有点逍遥自在的情绪在街上游荡。木匠圣约瑟夫和小耶稣的喷泉雕像矗立在街头，约瑟夫低头看着身边的小耶稣，两人姿态倒也是生动，经过修建于1701年到1733年的圣伯多禄教堂，就看见街中心矗立着1679年瘟疫后修建的黑死病纪念柱，纪念柱的顶端，金色的天使奋力踩踏着黑色的魔鬼。基座边摘下皇冠的利奥波德一世半跪在地上抚心祈求上帝保佑自己的臣民。在正午富于催眠感的阳光下，在梦游般的人群中，皇帝的祈祷身影与现实对比，显得格外不同。我心不在焉地混迹于人群中，在热闹繁华的大街上

b

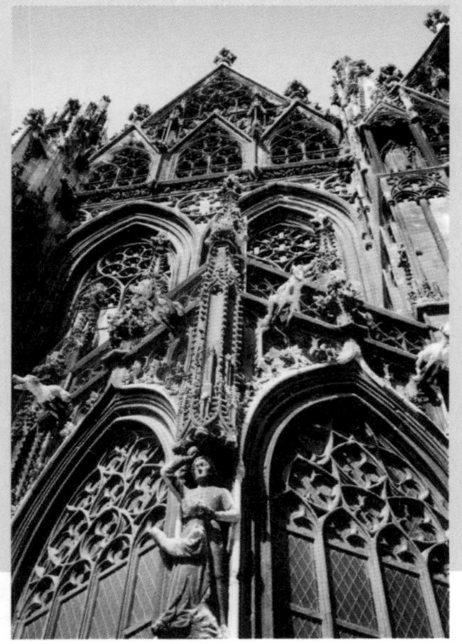

a

a

漫步，各种奢侈品店目不暇接，不经意间一转眼看到了著名的斯蒂凡大教堂，一下子便震惊了。

建于12世纪末的斯蒂凡大教堂，是全世界最著名的哥特式教堂之一。但是，历经了4个世纪不断地改、修、扩建工程，斯蒂凡的哥特风格里夹杂了一丝多样性的因素，使这座教堂成为世界上一座奇特的混合式建筑。例如，教堂西部的双异教塔和陡峭的人字屋顶上几何形的彩色图案，都带有异教的色彩。花哨的装饰和高耸的尖塔，硬生生地从城市拥挤的建筑中钻出来。也许这也是哥特式建筑兴盛的一个目的吧。而典型的哥特南塔"施泰福尔"有137米高，仅次于德国乌尔姆教堂（主塔高度161.6米）和科隆大教堂（157.3米）。它高高伫立在城市建筑之上，成为维也纳城的标志。在附近建筑群中狭窄的小路中穿行时，斯蒂凡大教堂的尖顶就在头顶时隐时现。

登上343级台阶的南塔，远观，维也纳内城的景观尽收眼底，近看，斯蒂凡大教堂由23万片彩瓦组成的顶部图案观察得一清二楚。从外观看，南塔与教堂立面外墙的装饰风格极其协调，窗棂拱门的细节装饰极为精致复杂。但是砂石材料在经过烈火与战争之后，又受到二氧化硫的侵蚀，灰白在脏暗的墙面上斑驳流淌成痕，呈现着一种仿佛冬雪季节里苍茫衰败的模样。第二次世界大战最后的那几天，炮火袭击使教堂起火，教堂的屋顶、铜钟、管风琴和大部分玻璃窗画毁于一旦。战后的修复工作从1948年开始，一直持续到1962年。全奥地利的九个联邦州，分别负责修复大教堂的某一个部分。于是，斯蒂凡大教堂成了一个国家民众心力凝聚的象征。1997年，斯蒂凡大教堂

b

庆贺了它的800年诞辰。

斯蒂凡大教堂前的广场不够大，用普通的傻瓜相机退到靠对街的墙上也拍不全教堂。站在广场看教堂未免有些压抑。据说在对面街角的哈斯屋（Haas haus）——现代商厦建筑的顶层咖啡厅里，可以将斯蒂凡一览无余。奇怪的是，1990年建成的哈斯屋，带有凸面玻璃的建筑——底面几何体块，上部是弧形和圆柱的结合体，玻璃外墙，这些是与斯蒂凡大教堂极不协调的现代风格。是故意要造成这样的新旧对比吗？但是来参观的游客，大多数都只注意到斯蒂凡大教堂，而忽略了哈斯屋的存在，因为在抬头欣赏斯蒂凡大教堂的时候，就把哈斯屋置于身后了。

走进教堂，斯蒂凡大教堂内并不像教堂外表的恢宏华丽，网状拱顶和廊柱没有太多的雕饰，反倒显得朴素、庄重，这种中庭和侧廊都是交叉拱顶的设计不仅坚固，也创造了更加向上的空间发展的可能；附有一个尖拱的肋拱拱顶是哥特建筑的特征，由此形成了哥特式高耸、升腾的空间形式，雕饰则会破坏这种形式特有的氛围。彩色玻璃窗毁于1945年的大火，从圣坛背后仅存的两块免遭摧残的玻璃窗中透进了一缕缕五彩缤纷的光线，为巴洛克风格的圣坛增添了一丝神秘的气氛。所以，现在的玻璃镶嵌不再是宗教内容，代以抽象的色块。西门顶上的大型玻璃镶嵌以深蓝和粉红为主，鲜艳夺目；两侧的颜色则是小块的淡蓝淡红，有很好的透光性，色彩映照在教堂内，营造了一种朦朦胧胧的、温和平静的愉悦感。宏伟的中殿自是有一种男性的气概。朴素的玻璃倒也有令人惊叹的素雅，甚至胜过了华丽的装饰所引起的感慨。

主祭坛的南侧大理石台基和围栏中安放着神圣罗马帝国皇帝腓

a　彩色玻璃窗毁于1945年的大火，从圣坛背后唯一的两块免遭摧残的玻璃窗中透进了一缕缕五彩缤纷的光线，为巴洛克的圣坛增添了一丝神秘的气氛。管风琴后的尖拱彩窗闪烁着玫瑰和青蓝的幽光。

b　侧廊壁柱边有一些小的宗教人物雕塑，在尘埃细细闪烁的投射天光里默默无语。

a

特烈三世的石棺。中殿北侧的安东·皮尔格拉姆讲坛是装饰有趣的哥特式讲坛，是教堂内最精美的一座哥特式艺术品。布道台的精致似乎是完全不以价值衡量的精致，工匠们用全部身心所做的不是一个商品所能够代替的。因此，它骄傲地站在那里，似乎摆明了要不同寻常。布道坛是意大利发明的教堂内摆设，一般会刻有圣经故事里的情节。1515年，建筑师皮尔格拉姆不仅把四个布道师的半身像塑造进去，而且还把自己以一个“倚窗眺望人”的形象塑造在布道坛的底部。他在这里开出一扇窗户，自己便半倚在半开的窗上，手中还握着他那把心爱的刻刀，从楼梯下的窗户里探出身来检查自己的作品——一个唯一把自己摆进这样的讲坛装饰中的作品。再往前走，左边墙壁的管风琴脚底下，也有手里拿着画布和尺的作者雕像。

两排哥特式的柱子，把教堂的正殿隔成三部分，三殿式结构的教堂内部穹顶特别高。穹顶下是悬挂在空中的金色耶稣十字架，给人一种森严肃穆的感觉。下面的祭坛金碧辉煌，祭坛上是一幅巨大的油画，描写基督升天的情景。侧廊壁柱边有一些小的宗教人物雕塑，在尘埃细细闪烁的投射天光里默默无语。当地人静坐在一排排座椅上，默默用心灵和上帝对话，眼神和善平静，众多游客走来走去，拍照录

a　斯蒂凡大教堂内并不像想象的那样华丽，网状拱顶和廊柱没有太多的雕饰，反倒朴素、庄重。

b　安东·皮尔格拉姆讲坛是装饰有趣的哥特式讲坛，是教堂内最精美的一座哥特式艺术品。

像，倒也形成对比。我独自一个人待在一个角落，坐下来细细观看体会，仿佛倾听着教堂的无声表达，亨利·詹姆斯在一本旅游笔记里说过："你感到这座建筑有话要说，所以你必须驻足倾听。"此时我体会到他话中的深意。

斯蒂凡大教堂有一座庞大的地下墓穴。每天下午4时，从教堂正堂左侧的一个入口可以沿阶梯步入教堂地下室，当年人们在废除斯蒂凡墓地时，曾把成千上万个维也纳人的尸骨放置在此。此外，哈布斯堡王朝大部分皇帝死后心脏也装进盒子放置于此。如今，在新旧年交替的那一刻，成千上万的维也纳人在斯蒂凡大教堂前的广场上聆听着钟声，相互庆贺新年。传被敲响的钟重达20吨，1683年，维也纳人战胜了奥斯曼帝国的侵略，把缴获的枪炮铸成了这口钟。因此，这钟声也传达了和平美好的愿望。

b

11.

玛利亚教堂与梅尔克修道院

Maria Taferl & Stift Melk

蓝色的多瑙河与黄色的教堂

a　玛利亚教堂外表几乎没有什么装饰特色，就是黄白两色的外墙，仿佛昨天刚刚粉刷。但是从我这个角度看，如果能够适当保持昔日的色彩，似乎更能给我历史的感觉。

叫圣母玛利亚教堂的全世界有很多。在奥地利下奥地利州多瑙河流域瓦豪河谷附近的一个山镇上，和梅尔克隔河相望，有漂亮的双钟楼教堂——玛利亚教堂。游客在各种旅游品小店前徘徊，小街上熙熙攘攘的，像过节。但是，教堂仍然是镇上最出色的地方。说它是最出色的地方，我其实是忐忑的，因为教堂外表几乎没有什么装饰特色，就是黄白两色的外墙，仿佛昨天刚刚粉刷，鲜艳的容颜面对着山下的多瑙河。国际上通常把古建筑的材料分为永久性的、半永久性的和非永久性的，粉刷属于第三类，是允许更新的，但是这种鲜亮有时也让我非常失措，是一种不和谐，是一种假音，是用一种刺目的强光照亮了幽暗的过去，昔日的色彩荡然无存。整旧如新，用现代的审美替代过去的痕迹，是美化还是破坏，这不仅仅是一个美学问题。从我这个角度看，如果能够适当保持昔日的色彩，似乎更能给人历史的感觉。但是此时阳光灿烂，在阳光下山水都是色彩鲜艳的，教堂在这个景色里鲜亮似乎也是和谐的，于是我就矛盾了。山镇上的教堂，寂寥中有一种尊严。有穹拱的塔楼，中厅又长又高，楼廊上的圆拱和列柱是美

妙的，每边各有两条低矮的侧廊。横厅极其宏伟。异乎寻常地统一完整。教堂里的装饰富丽堂皇，许许多多金色小雕像营造出一派华贵的气氛，讲经台与祭坛金饰繁密，令人眼花缭乱，让人感受不到一般教堂所具有的略显压抑的庄重。两壁悬挂的宗教油画，人物呆板、技法空洞，难以与意大利的教堂相比。这也许是我的苛求吧。

从深黯的教堂出来，立刻感受到阳光的璀璨与空气的清爽。从教堂前的平台眺望多瑙河，直直的多瑙河在西边拐了个弯，消失在大地的绿色里，河水泛着日光，成为明亮的白链。沿河人工种植的防护林带像两条绿色饰边，装点着多瑙河。有坡有川的无垠田野蒸腾于无所不在的阳光下，没有阴影。丰饶的树林、丰饶的田地，散聚在河边的村落乡镇，白色的房屋墙面，红色屋顶，都似乎散发着微蓝色的蒙蒙烟气，让人有一种心怀敞亮的感动。人的行为，也可以创造不仅合理而且美丽的景色，并且让自己生活在这样如画的环境里，这该是多么惬意的事。车子下山，很快又来到多瑙河边。对岸的梅尔克修道院的双塔楼和青绿色的教堂穹顶，以及围绕着的红色屋顶从树林后升起。在这一带的多瑙河边有一些美丽的城堡、教堂，而梅尔克修道院是其中最美的，甚至被称为“世界上最美修道院”。2000年与毗邻的瓦豪河谷一起被列入了世界文化遗产名录。

车子驶过河往梅尔克修道院而去。梅尔克修道院由雅格布·普兰陶尔在1702年至1738年建造，是一座本笃会修道院。修道院建在毗邻河岸的土坡上，北可俯瞰多瑙河，南可眺望坡下随梅尔克修道院发展起来的梅尔克城。巴洛克风格的建筑装饰华丽不失庄重。外墙棱线起伏变化较多，外墙采用了独

a

a

a 梅尔克修道院北可俯瞰多瑙河，南可眺望坡下随梅尔克修道院发展起来的梅尔克城。巴洛克风格的建筑装饰在华丽里不失庄重。

b 梅尔克修道院外墙棱线起伏变化较多，又以中黄、粉白分割涂饰，把修道院悠久的历史从外表上刷得干干净净。

c 梅尔克修道院内转角楼梯犹如螺壳的曲线，黑色的栏杆，白色的石面，饰以金色的图案。

特的中黄色调，以粉白分割涂饰，颜色鲜艳得令人炫目，把修道院悠久的历史从外表上刷得干干净净。据说这种黄是奥地利统治者特雷西亚女王喜欢的黄色，这种颜色又被称为“特雷西亚黄”。当年的梅尔克修道院原是巴本堡家族利奥波德一世为自己修建的一座城堡，迁都维也纳后，利奥波德二世将这座城堡赠送给了天主教本笃会。修道院入口通道两边各有一座雕像。右边高高基座上的是圣利奥波德雕像。

围绕教堂的附属建筑规模宏大，修道院的主教庭院里喷泉流水淙淙，天空在黄白墙面与红屋顶的对比下，深蓝得近于青翠，饱和得不可思议。屋檐点缀着雕塑。但是屋檐中间拱形檐壁下是贝斯赫夫1988—1990年绘制的表现主义风格的壁画，线条粗放、色彩主观夸张，形式上与建筑难以协调。穿过主教庭院，可以登上被称为皇帝台阶的著名楼梯，拾级而上，满眼粉红，雕塑精致、装饰华丽，形成了跟修道院气氛很不协调的效果，这曾是奥匈帝国皇帝的行宫。

在一位以德语口音讲法语的男青年的引导下，首先沿着长约200米的长廊前行，参观了修道院里的美术馆。长廊两边挂着奥地利统治者的画像。美术馆里陈列着不少古典绘画，其中有用一个式样的金色外框装饰各种不同大小的人物风景画，再把它们拼成一幅大的画，但是内容并无关联，只是尺寸的整合而已。静物差强人意，风景有些不错。耶稣受难的组画屏风。

人物画多宗教内容和生活场景，除了耶稣受难的上下各四组画屏风，其余水平一般，200多米的长廊两边挂着奥地利统治者和皇室家族的画像，也匆匆而过，难以引起更大的兴趣。倒是有两张大场面建筑风景，刻画精细入微，类于界画，窗户小拇指甲盖般大小，所有凭窗而望的人物须眉俱全，色彩朴素得近于素描，整幅画反倒单纯起来，没有琐碎的感觉。一幅描写海浪中帆船的大画，场景有点像《梅杜萨之筏》，但是人物成为巨浪的陪衬，造型也软弱无力，难以有《梅杜萨之筏》的精神境界。在一组以圣母子像为中心的油画群中，上方的一幅小风景画颇有法国巴比松画家柯罗的意趣，其余了了，难有印象。

进入皇家用餐和接待贵宾的大理石厅，门上的铭文写着："Hospites tamquam Christus suscipiantur"(客人应该像基督那样被接受)。来自不同的地方的各种颜色大理石将大厅装饰得富丽堂皇，灰色墙壁、红色墙柱、金色柱冠、格子地面，阳光穿过窗户洒向大厅地板，抬头看更是绚丽多彩，天花板上的图画描绘了希腊神话中的智慧女神和战争女神雅典娜驾驭狮子战车的景象。

走出大理石厅，是西边的半弧形露天平台，视野开阔，可以俯瞰梅尔克小镇和多瑙河的风光，眼前的河水、树木、土地、房屋在正午的阳光下营造着一种热气腾腾的茂盛景象，像舞台的布景，而背后双塔楼鲜艳的黄白在艳阳下令人眩晕地闪耀着，陪衬的蓝天没有一丝云，深得发黑。在平台上照相，由于墙体的反光，照出来的人脸红彤彤得如同醉酒。

c

b

a 图书馆烫金的古旧图书与棕红色的书架形成了古香古色的氛围。墙壁上部一圈走廊，一头有运梯可以上下传书。屋顶则绘制着宗教壁画，描绘欢乐的天使众神在蓝天白云间颉颃。

从平台另一端进去是靠多瑙河一边的图书馆。从奇妙的螺旋楼梯来到图书馆，自上而下满壁的古旧图书，统一的深棕色封面、烫金的文字与饰线，与棕红色的书架形成了古香古色的氛围，整个图书馆藏书9万余册。是世界上唯一一座拥有世界文化遗产名号的图书馆，也是全球十座最美图书馆之一。墙壁上部一圈走廊，一头有运梯可以上下传书。屋顶上是保尔·特罗格绘制的宗教壁画，描绘欢乐的天使众神在蓝天白云间颉颃。还有四座分别代表哲学、医学、神学、法学的雕像。在展示柜里陈列的图书中，意外发现法文与中文两种文字合印的插页：天主三位一体，1667年刊印。插图上的中西两个人物共持中国地图，中国人物身着明代服饰，饶有风趣，引起我的极大兴趣。藏书馆过去是历史人物、古代工艺品的展示地，例如13世纪的刺绣、18世纪的布画等。还有宗教人物的种种玩偶，以及服饰的陈列，都是匆匆一瞥。

倒是走廊墙上挂着的一幅1738年绘制的素描值得细观，是以想象的俯瞰角度描绘整个修道院，居然颇像写生！整张素描用木炭条描绘，粗细得宜，房屋顶涂了红色。这是F.罗森斯廷的作品，曾被印成明信片出售。

a

a 梅尔克修道院内部的装饰富丽堂皇，自然纹样与雕像全部饰金，流光溢彩，穹顶上依然描绘着天堂景色，仿佛打开了教堂的顶部空间，造成开放的感觉。

展馆的尽头是一个大厅，有着高高的大窗，墙壁上的红色大理石柱冠头都有半身人像雕塑。但是，更加吸引我的是空旷的大厅中放置着的一尊全身铜像：不知其名的妇女悲哀地紧闭双眼，脚下飘落着一根羽毛。是悲伤生命如同羽毛一样随风飘荡，无足轻重吗？手法有些像罗丹的《左拉》。屋顶仍然是天堂风景，画得像古希腊的神话故事，粉嫩的色彩弥漫着似乎轻易可得的欢乐气氛。

顺转角楼梯而下，旋梯的底部安装了一面镜子，令人目眩神迷，接着就来到教堂。教堂内部的装饰自然更加富丽堂皇，自然纹样与雕像全部饰金，流光溢彩，金碧辉煌，闪耀着无数的高光点。中庭天顶壁画讲述的是圣本笃的成功通天之路。依然描绘着天堂景色，但是画边的楼顶冠柱、拱门、屋檐画得十分立体，与实际的墙面相接，难辨真假；头顶描绘的天空，仿佛打开了教堂的顶部空间，造成开放的感觉，也拉近了天堂与人间的距离。主祭坛。神龛上的金色人物都是教堂的守护者。整个教堂洋溢着热烈有余、肃穆不足的暖色调，看上去更加像一件艺术品。也许在风琴响起的时候，在圣歌唱起的时候，在信徒们的眼里，这精心营造的一切恰就代表着上帝的荣耀呢。

12.

海顿教堂

Haydn Church

小山教堂埋葬着伟大的乐师

a

开车在奥地利乡间大道上向南穿行。一路上的葡萄田、玉米地连绵到远处的山坡上，很少看到闲置的土地。中午11点到奥地利东部城市，布尔根兰州首府艾森施塔特镇（Eisenstadt）。艾森施塔特的教堂被称为海顿教堂，坐落在镇街口，红瓦屋顶居然有曲线与直线交错映衬，宛若山脊起伏不定，别号山教堂（Mountain Church），也挺形象的，黄白墙面，俏丽得有些柔媚。正有年轻夫妇在亲友的陪伴下拾级而上，去给婴儿洗礼。婴孩在父亲手提的藤篮里，肤色白皙里透着粉红，大大圆圆的脑袋上翻卷着稀稀柔柔的银灰黄色细毛，可爱得像个玩具娃娃。亲戚朋友都衣冠楚楚，一起来完成这个婴孩人生初始阶段中至关重要的仪式。

教堂因为奥地利音乐家弗朗茨·约瑟夫·海顿（1732—1809）而闻名，因为海顿曾经在教堂做过乐师，是虔诚的天主教徒。海顿是继巴赫之后的又一位伟大的器乐作曲家，是古典音乐风格的杰出代表。他一生创作了96首交响曲，两部清唱剧——《创世纪》和《四季》，同时也创作了大量的弦乐四重奏以及钢琴奏鸣曲，还有一些歌剧、轻歌剧、12部弥撒曲和声乐作品。海顿在此地的故居也被辟为海顿博物馆。

在镇上有埃斯特哈兹宫，是在当时的奥匈帝国地位显赫的埃斯特哈兹家族（Esterhazy）所建。建筑的辉煌宏大似乎与该镇不成比例，里面有装饰华丽的音乐演奏厅，在这里，音乐家们常常穿上18世纪的服装演奏海顿的音乐。1740年，小小海顿成为圣斯蒂凡大教堂唱诗班的童声合唱团成员。二十多年后，海顿于1761年在埃斯特哈兹家族找到了一个副乐长位置，乐队的老乐长去世后海顿升任正职。海顿在埃斯特哈兹担任乐长的三十多年中，不但创作出大量音乐作品，风格也不断创新，逐渐声名远播。海顿的许多作品在这里首演，宫殿

a　奥地利音乐家海顿是继巴赫之后的又一位伟大的器乐作曲家，是古典音乐风格的杰出代表。

b　海顿教堂红瓦屋顶曲线坡顶与直线映衬，黄白墙面，俏丽得有些柔媚。

b

a

a 海顿在埃斯特哈兹担任乐长期间，创作出大量音乐作品，风格也不断创新。他的许多作品在埃斯特哈兹宫首演，宫殿中的海顿厅是世界上著名的音乐厅之一。

里最好的屋子就被叫作海顿厅，也是世界上著名的音乐厅之一。站在宫殿的天井内，观看四周屋檐下的一圈脸谱雕像，令人忍俊不禁。脸谱有着各种鬼脸表情，喜怒哀乐，吐舌作态，挤眉弄眼，不一而足，颇为有趣，为音乐宫殿的庄重气氛增添了一丝幽默。

海顿死后被葬在亨斯霍姆（Hundsturmer）墓地（现在的维也纳海顿公园）。埃斯特哈兹家族对此未曾加以理会。直到后来凡·康伯雷德公爵和埃斯特哈兹家族的尼古拉斯二世大公说起，才华横溢的海顿曾在埃斯特哈兹家做过多年的乐长，大公才在1820年决定把海顿的坟迁到艾森施塔特教堂。但是当棺材被打开时，人们发现海顿的头颅不见了。后来调查发现，埃斯特哈兹大公的秘书约瑟夫·卡尔·卢森堡是当时头骨学者弗朗兹·约瑟夫·基尔的崇拜者，他买通监狱管理人和其他两个公务员，在海顿下葬八天后，打开棺材偷走了头颅。因为当时找不到被盗的头骨，人们只能将无头的遗体运到艾森施塔特镇下葬。后来监狱管理人约翰·彼特交给警察一个所谓的海顿头骨，但真的头骨仍在秘书卢森堡处收藏着。他让好友彼特将头骨转交音乐学院，彼特临死也没有完成这个任务。头骨辗转经过多人之手，直到1895年才被维也纳音乐家之友协会收藏在它的博物馆里。海顿的头骨几经周折，最终在1954年从维也纳运回艾森施塔特教堂，与身体合为一体，其间经历了145年，海顿总算是有了全尸。

在教堂的后面，有一个小院子就叫海顿广场。四方的院子中间树立着小小的纪念雕像，不是海顿，却是头上有金环、抱持十字架的圣者，脚下一个小小的天使。基座四盆粉花环绕，四角石柱铁链相连，院子砖石铺地，洁无余物，正午阳光静静普照，无云，无风，无声。院子对着教堂的后面，依然是小的教堂，教堂内左侧是黑白花纹环饰的铁栏杆门，白色的大理石棺在门里陈列，海顿的英灵在石棺里沉睡。但是你得买票才能通过小门进去，站在栏杆门外瞻仰。熟悉海顿音乐的一对瑞士中年夫妇，自然不愿错过机会。而我宁愿站在院子的阳光下，于无声中体会海顿音乐的美。

13.

柏林大教堂

Berliner Dom

炫耀傲娇的帝国气派与姿态

a 柏林大教堂穹顶和柏林大教堂祭坛显然是经过修缮的，和外观相比，洁净鲜亮得没有了历史的感觉。

柏林大教堂巍然耸立在柏林市博物馆岛北，菩提树下大街东。从王宫大桥桥头就可以望见大教堂的雄姿。突出的三个大圆顶圆润丰盈，粉绿色的教堂顶，黝黑的教堂立面，摆出了一副堂堂自大的姿态，又好像诉说着冷峻沉郁的岁月。教堂前的宽阔广场与大教堂是相宜的，如同花园般美丽，天气晴好的时候，会吸引无数的游客在其间徜徉和歇脚。

柏林大教堂是新教教堂，也是霍亨索伦王朝的纪念碑。这里原来有过教堂，1894年德国皇帝威廉二世下令拆毁原有教堂，由建筑师尤利乌斯·拉施多夫重新建造，教堂被设计成文艺复兴风格，于1905年落成开放，威廉二世皇帝亲自参加了该教堂的开幕式。

走到柏林大教堂时正在下雨。雨中的柏林大教堂是黑黝黝的，显得颇为厚重。穹顶高90米，加上金色十字架高达114米。教堂正面大门前有四个人像、柱子上有天使、高居正中的是基督，八个演奏乐器的天使环绕着绿色穹顶。大门上方是一幅半圆形马赛克壁画，为历史画家坎普特所作。而雕塑家莱西则制作了以浅浮雕表现耶稣的生平故事的三扇铜门。宏伟的体量、巍峨的巨柱，构成教堂非凡的气势；精美的雕像、繁复的装饰，又让教堂精致华丽。从柏林大教堂台阶上去，临近黄昏，没有太多的参观者。买票进入参观，立即被里面辉煌的空间所震撼。

就如同石头铸就的历史交响曲，中央巨大的穹顶使教堂的内部显得敞亮空旷，这教堂的空间是有宗教性意味的，让人类显得卑微，但是这种使人卑微的空间感恰又是人类自己的创造。白色基调的柱墙，金色的浮雕和柱头，形成教堂的基调，圆柱、壁柱、飞檐、拱顶、雕塑成为一种带有炫耀性质的视觉要素，这中间最大的厅是祈祷堂，西里西亚砂岩制成的高达74米的圆形穹顶装饰着描绘圣徒传教生活的八幅马赛克绘画，是历史画家维尔纳的作品，让穹顶宛如盛开的花瓣，画上用德语

a

a

写着《圣经》中的八福:“清心的人有福了”“怜恤人的人有福了”“温柔的人有福了”等。

圣坛穹顶四个拱肩的半圆形上绘有四使徒。两旁的柱子上有八尊雕像，他们是新教运动中的著名人物。圣坛穹顶椭圆形彩窗描绘的是三位天使：从左向右，有着棕榈叶的代表信仰，举着杯子的代表爱，擎着旗帜的代表希望。下面三幅依据维尔纳的草图绘制的长方形彩窗画从左向右则分别描绘了耶稣的诞生、受难和复活。工人正在修复彩窗画，两边各有两幅油画，右边的油画也正在修复。圣坛的玻璃彩窗画和从旧教堂保留下来的主圣坛都出自著名艺术家，白色大理石和黄色缟玛瑙制作的圣坛是施蒂勒1850年的作品。镀金的围栏把整个祭坛布置得金碧辉煌，台阶左前方镀金的鹰托讲台是依据施吕特1701年的设计制作的复制品，原件在大教堂的博物馆中。圣坛前有白色牧羊者与三只羊的雕塑，这是应了《启示录》里的一段话:“上帝和羔羊的宝座将在那里，他的仆人将向他顶礼膜拜……”

a　柏林大教堂地下普鲁士王后索菲·夏洛特棺木旁的死神雕像。

穹顶在“二战”中遭受严重破坏，1993年方才全部修复完毕。教堂二层的模型展示了柏林大教堂在各个时期的不同样式以及当时的设计方案。在楼梯旁的墙面上，张贴着许多教堂当年的旧照片以及大教堂被炸和后来修复的照片。关于“二战”的劫难，历史就这样留在了墙面上，让我驻足细细地端详。这张张照片展现着教堂的庄严与颓唐，总是和此地此城的兴衰相关联。这说明教堂如同人的生命一样也在生长，我看到了它儿时的模样，就像我翻开了一个老人早年的相册，看到他当年英姿飒爽的样子，不由地就对眼前的衰老心生同情。但是，柏林大教堂是不必同情的，因为这色彩虽然还是沧桑，却分明地真实而厚重，踏踏实实地在此时存在着，而黑白的过去，就只是停留在平面上。

侧面共有270级逐渐缩小的台阶，可攀登到穹顶。站到一人宽的外通道上，可以眺望柏林的城市景象，四周都烟气蒙蒙地笼罩在细雨里。柏林在雨水中，也多少显示出沧桑沉重的模样。屋顶角上的女神和天使雕塑也近在咫尺，湿淋淋地和我一起俯瞰人间。高耸于一般楼房的地标性建筑一一浮出水面，也有现代建筑远远地耸立起来。雨中的空气是清润的。

由于曾是德意志帝国的宫廷教堂，这里成了王室的葬身地。一层停放着几口大选帝侯弗里德里希·威廉及夫人多罗特娅，以及普鲁士皇帝弗里德里希一世及王后索菲·夏洛特的豪华棺木灵柩。然后下楼梯，一直下到地下，内有霍亨索伦王室家族的花岗岩、铜、镀金、木头等各种材质的大小棺材，长眠着霍亨索伦家族的九十多名成员，地下室壁龛中有一组纪念雕像，以三位女性代表信念、爱和希望，是雕塑家基斯的作品。到处是皇亲国戚的棺材，还有小孩棺木。虽然棺木装饰过分华丽，但是已然因蒙尘而显灰暗，有的棺上放着皇冠。昔日荣耀已去，死后万事成空。这一切引发着观者的感慨，看到真实的木棺陈列在那里，多少让人感觉不适。于是就赶快逃出来，站在雨后的广场上，呼吸一口还有些湿润的空气，再低头看附近的花圃，一朵朵花都是含水欲滴的娇艳。

14.

玛利亚教堂

Marienkirche

在古老安静中观赏死亡之舞

玛利亚教堂是柏林市中心米特区的一座教堂，位于卡尔-李卜克内西大街，临近亚历山大广场，教堂外竖有马丁·路德的雕像，教堂旁的花园中央为海神喷泉。海神波塞冬手持三叉戟坐在高处，海神的四周环绕着四位女神，她们代表了普鲁士境内的四条河流：易北河（Elbe）、莱茵河（Rhein）、维斯瓦河（Weichsel）和奥得河（Oder），女神身边围绕的牛羊和果实，寓意给德国人民带来了丰富物产。

花园和喷泉给玛利亚教堂带来了生气，这座教堂在

a

b

“二战”中受到重创，后来由东德修复。从正面看，教堂正面下部呈现斑驳的灰色，凸显了尖拱顶的大门和窗户，从斜屋顶上挺立出来钟楼，中部方形淡粉黄色楼身，上面是粉绿色亭和尖塔，突兀挺拔，高90米，融合了哥特与古典主义的风格。从侧面看，鲜明的红色屋顶，略灰的褐红色墙体，没有装饰的单纯造型，自有一种大方古朴在里面，看上去自然让我心生喜欢，觉得它胜过太过华丽的教堂。教堂的历史最早可以追溯到1270年，仅次于兴建于1220年至1230年的柏林尼古拉教堂（Nikolaikirche），是柏林现存的第二古老的教堂，也是第二个市民教堂，同时祭祀圣母玛利亚、圣安娜和圣毛里求斯等。

但是，这样朴素的外观似乎并不太吸引游客。因此，相比柏林大教堂，玛利亚教堂是冷清的。推开那扇有些沉重的门进去，锯齿形尖拱肋线在穹顶形成渐次变化，一直延伸到圣坛，两侧一根根巨大的多棱圆柱像花茎支撑着顶部绽放的花朵，展现出完美绵延的立体艺术，拱梁、穹顶、石柱和墙壁均是灰白色，没有多余的装饰，如同外观一样朴素无华。唯墙上挂了一些黑乎乎的油画，几乎看不清画的什么，似乎也在诉说着历史的悠久。教堂的管风琴是著名歌剧音乐家瓦格纳于1720年修建的，巴赫曾经用它演奏过乐章《赎罪十字架》。现在它就静静地待在那里，没有发出一丝儿声音。完成于18世纪初，由A.施吕特雕成的布道坛也是一件精美的雕塑艺术品。两个站立天使簇拥着布道坛，天使的脸庞、飘动的衣襟、繁复的花饰都塑造得十分生动，布道坛的华盖上也有一群小天使，有的吹着长长的喇叭。走到

a　玛利亚教堂的钟楼是突兀的，融合了哥特与古典主义的风格，红色的墙体，单纯的造型，没有装饰，自有一种古朴在里面。

b　玛利亚教堂的祭坛，用大理石雕塑和油画组成的装饰屏，色彩上呈现出沉郁的感觉。祭坛上白色的耶稣受难雕刻显得如此弱小，几乎不引人注目。

圣坛前，圣坛上正中是一尊小型耶稣受难雕塑，后面有三幅巨大的与耶稣有关的油画，上部是一组群雕。

教堂里此刻是深沉安静的，安静到没有心情独自在里面徘徊。正准备出去，方才想到根据指南到这里来是为了看壁画《死亡之舞》（*Totentanz*）。玛利亚教堂被记载在各种指南上，而记载的原因就是它拥有壁画《死亡之舞》。遍寻不见，只好询问在教堂后厅边出售教堂明信片的老妇人。老妇人很热心，指给我们看一件印刷品，原来《死亡之舞》就在教堂前脸的尖塔内壁上，1484年绘制，高2米，长22米，28幅画面，创作这幅画的目的是纪念1484年的那场瘟疫。没有作者的姓名，画面也已经斑驳得几乎看不见，只有小型的长条复制品摆放在旁边。看画面，描绘的是人们和一连串犹如外星人的死神跳舞。这样直接地在教堂里描绘死亡主题的并不多见，自然，死亡是每个人不可避免的面对。宗教该如何解答？是最后的审判，然后是地狱与天堂的等待？

15.

圣赫德维希大教堂

St. Hedwigs Kathedrale

现代装饰风的罗马天主教堂

洪堡大学对面是贝贝尔广场。广场右边是老图书馆，曾经被史学家称为人文主义思想的“五斗橱”，据说黑格尔、叔本华、列宁都曾在这里做过研究。南边角上是圣赫德维希大教堂。教堂由庭院建筑师克诺贝尔斯多夫设计，建于1747至1783年间，而巨大绿屋顶直到19世纪末才完成。教堂毁于1943年的空袭，重建于1952年到1963年。圣赫德维希大教堂是柏林的罗马天主教堂，并且在很长一段时间里是这座新教占绝对优势的城市中唯一的天主教堂。

教堂以雅典卫城的巴特农神殿为蓝图，六根巨大的爱奥尼亚柱支撑着巨大的三角门楣墙，上面有精致的雕刻。后面显露出一个巨大的粉绿色圆屋顶，这种对比多少有些突兀。走进去参观，教堂里有着现代的玻璃彩窗，是几何的图形，黑灰黄的色块，虽然没有传统的宗教绘画内容，却是非常雅致。通常，教堂的彩色玻璃镶嵌画总是承担着宣传教义的义务，讲述各种圣经故事，而在这里，却变成纯粹的装饰。祭坛上悬挂着彩色的壁挂，分明也有现代装饰的意味。教堂也有罗马圣母大殿那样的开放式地下室，从祭坛前可下台阶到地下一层，

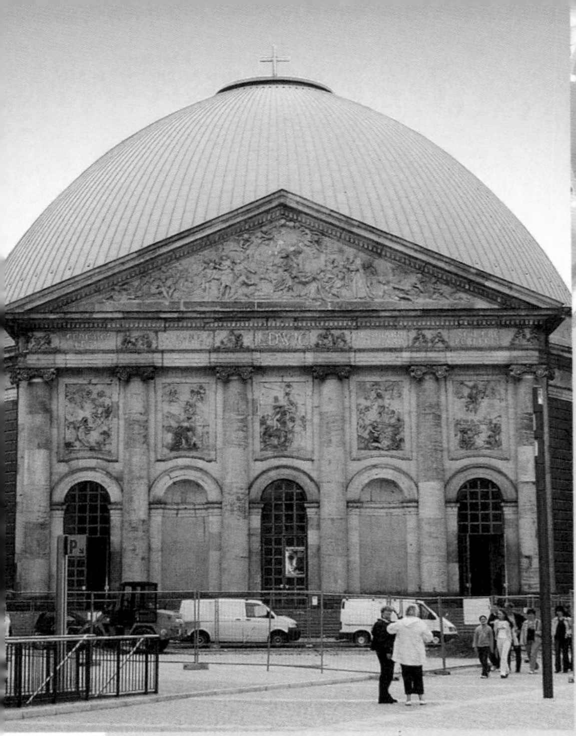

b

中间供奉着神像，周围是一圈小的祈祷堂，外墙上挂着现代风格的耶稣受难故事的石版画，这样现代的宗教绘画风格很少见于教堂。这种战后重建的现代教堂整体设计风格，倒是有些让我吃惊了。我很少进入现代风格的教堂里去参观，因为有的时候看上去教堂虽然形式新颖堂皇，但是细细琢磨内容总是带有历史的苍白。时髦对于教堂来说，似乎是一顶巨大的帽子，虽然有的时候会觉得帽子好看，但是总体上却是那么的不合时宜。

a

a 圣赫德维希大教堂的正立面有点像罗马的万神庙，但是后面却显露出一个巨大的粉绿色的圆顶，这种对比多少有些突兀。

b 圣赫德维希大教堂的天花板。

c 教堂里有着现代的玻璃彩窗，是几何的图形，并没有传统的宗教绘画内容，变成了纯粹的装饰。祭坛上悬挂着彩色的壁挂，分明也有现代装饰的意味。

d 教堂内有开放式地下室，从祭坛前可下台阶到地下一层。

e 从祭坛前可下台阶到地下一层，中间供奉着神像。

c

e

d

16.

威廉皇帝纪念教堂

Kaiser Wilhelm Gedächtnis Kirche

见证战争残酷的视觉符号

a

威廉皇帝纪念教堂位于市中心繁华的选帝侯大街布莱特沙伊德广场。这是为纪念1888年去世的德意志帝国第一个皇帝威廉一世而建造的新罗马式教堂，由皇家建筑师弗兰茨·施韦希特设计，被命名为“威廉皇帝纪念教堂”。最初建于19世纪末期，在“二战”中柏林遭到了猛烈轰炸，城市一片废墟，教堂自然难以幸免。1943年遭空袭被严重损毁，炸掉了教堂屋顶，教堂钟楼尖顶也被炸毁，像缺了嘴的破瓶口一样。

1957年，卡尔斯鲁厄大学建筑学教授埃贡·艾尔曼的重建方案被采纳，威廉皇帝纪念教堂作为危险建筑将要被政府拆除时，市民们奋起抗议，希望保留旧教堂的残骸以示纪念。抗议有了效果，其他地方被拆毁，68米高的旧教堂钟楼被留下，孤零零地屹立在那里，成为“二战”仅存的遗迹。但是，钟楼遗迹周围依照艾尔曼的方案建造了四栋新建筑：八边形的教堂中殿、六边形的钟楼、四边形的礼拜堂以及前厅。艾尔曼也为教堂内室设计了圣坛、洗礼池和蜡烛台等。1961年12月17日圣诞节前夕，奥托迪·贝利乌斯主教为新建的威廉皇帝

a　威廉皇帝纪念教堂是为纪念1888年去世的威廉皇帝而建造的新罗马式教堂。

b　旧教堂门厅壁画。

c　新教堂祭坛。

b

纪念教堂揭幕。

保留是妥协的产物，这个妥协从现在看是必要和正确的。有着极度尊严感的民族在经历了战争失败后，并没有有意洗刷掉这个耻辱，威廉皇帝纪念教堂没有像柏林大教堂那样修复，而是保持了原样，让人们记住战争的悲惨。形象是最好的提示物，承载着过往的历史，岁月和人类都在其上留下了痕迹。威廉皇帝时代的气势，战争的残酷与破坏，当今人们对战争的反思与警醒，都在这半截残柱中体现出来，也引发出更为深刻的思考。对于人类而言，信仰的基础应当是人类的理性，人类应当通过理性梳理理念

c

a 威廉皇帝纪念教堂天顶镶嵌画。

b 黑黝黝的大教堂钟楼像一段烧黑的木头，矗立在繁华热闹的大街上，给轻松热闹的现实生活涂抹了一丝沉重而伤感的色彩。在旁边的原址，建起了八角形的新教堂，这两个新旧教堂被柏林人戏称为“香粉盒与唇膏”。

与行为。假如人类失去了理性，信仰就可能成为伤及他人与自身的一种狂热。历史已经证明了这一点，而当下，仍不断有各种事件印证着这一点。另外，从二元论的角度讲，大脑追求的是科学的严谨、精致、明晰和准确，而心灵追求的是价值、信仰、情感和爱情，而平衡二者的利器则就是理性。那么为什么以哲学理性著称的德国民族，也会在信仰的狂热中处在一种集体无意识的状态中，也会产生纳粹沙文主义，并演变成为第二次世界大战的导因，给德国和世界人民都带来深重的灾难呢?

一边思考一边仰头观看“断头”的钟楼残骸。2010年至2012年对损毁的钟楼进行了古迹修复。旧教堂残存的门厅内还保留了精彩的马赛克镶嵌画。描绘了霍亨索伦家族成员踏上朝圣之旅的情景和威廉一世丰富多彩的生活。在旧钟楼旁边的原址，是1961年建起的八边形的教堂中殿、六边形的钟楼，看上去有些奇怪，新建筑与旧钟楼故意对比，新旧教堂被柏林人戏称为“香粉盒与唇膏”。灰色新教堂连同钟楼，由超过3万块玻璃窗组成幕墙，由法国玻璃艺术家加布里尔·洛伊尔制作完成，洛伊尔将彩色的玻璃切割成不规则的小块，重新组合成正方形，嵌入混凝土铸成的蜂巢般的格子墙壁中。蓝色、宝石红、翡翠绿和黄色玻璃碎片将照射上来的光线折射出去，产生了一种宝石切割般的效果。白天，折射后

a

的阳光透入教堂内，呈现宁静、庄重、肃穆的蓝色氛围。祭坛的玻璃墙上悬挂着现代风格的耶稣受难铜像，铜像高4.6米、重300公斤，由慕尼黑艺术家卡尔·赫米特创作。夜晚，教堂会被灯光照亮，透射出带点忧郁的幽幽蓝色，显出一种人为制造的美丽。有意思的是，教堂内的“考文垂的十字架”来自英国的考文垂大教堂，而它在“二战”中被德国空军炸毁，十字架是用在废墟里发现的旧钉子铸成的。另外有一幅德国艺术家库尔特·罗伊博所画的《斯大林格勒的麦当娜》，是他作为德国防卫军的军医在斯大林格勒战役期间所作，这幅画作的复制品则挂在考文垂大教堂的礼拜堂、斯大林格勒大教堂和许多其他教堂内，也是意味深长。

从新教堂出来，正是小雨霏霏，在雨中看威廉皇帝纪念教堂，湿淋淋的钟楼像一段烧黑的木头，矗立在繁华热闹的大街上，显得相当触目，足以警世，给轻松欢快的现实生活涂抹了一笔沉重而伤感的色彩。不过，联想起德国近代哲学家如尼采、叔本华，体会德国哲学固有的沉重，却也隐隐地琢磨到一种德国民族的文化思想特点。

17. 圣玛利亚新堂与圣罗伦佐教堂

Santa Maria Novella & Cathedral San Lorenzo

那受天使点化过的活的石头

a

圣玛利亚新堂正立面由建筑师阿尔伯蒂设计，而教堂由两位多明我会修道士设计，建于1246—1360年，一组建筑物中包括了罗曼式-哥特式的尖削钟楼，以及教堂、庭院与墓地。教堂绝对对称的正面正沐浴在晨光下，黑白大理石的墙面则以白为底，以绿为线，两种色彩交织出富有立体感的规则图案，与侧面古老的棕黄砖石色形成鲜明对比，这种拼接感觉给教堂穿了一件华美外衣，看惯了罗马的青灰石柱的高大教堂，再看这全然不同的风格，顿觉耳目一新。而此种又与昨日所见土褐砖石的简朴一派形成佛罗伦萨的两个极端。圣玛利亚新堂是佛罗伦萨第一座宗座教堂，之所以被称为圣玛利亚新堂或新圣母教堂，是因为它建于9世纪圣母祈祷所的地基之上。

正中大门之上有大圆彩窗，这彩色只有在教堂里面才显现缤纷。圆窗两旁有巨大的日晷与昼夜平分浑仪圈——天文学家伊尼亚乔·丹蒂设计，把科学仪图装饰到教堂上，也是别出心裁。大门两边各一扇小门，也都关着，附近的书摊老头正支好车棚准备营业，摆开的书中有一本中文版佛罗伦萨导游指南。购书时老人能讲几句英语，告诉我们教堂正在修葺，不对外开放，闻言不禁失望。因为教堂收藏了一批无价的艺术珍宝，都在侧屋的展厅里，也有珍贵的文艺复兴大师所绘的壁画，如马萨乔的《天主圣三像》（1427—1428）和利皮等人的壁画，其中基尔兰达约的《洗者约翰的史迹》（1485—1490）、安德烈亚·博纳尤托的《西班牙人小堂壁画》（1365），都颇为精彩。教堂的玻璃彩窗也十分精美。教堂面对的广场较大，有难得的草地和不难得的喷泉，灰鸽遍地，清洁工正在打扫昨日留下的垃圾，想来时辰好时这里是游人闲民栖息的场所。

走去参观圣罗伦佐教堂。圣罗伦佐教堂是佛罗伦萨最古老的教堂，门面与圣玛利亚新堂相反，好像裸露着没穿衣服，无装饰砖石建筑的平板表面，浮凸一条条平行参差的横线。查指南，知道教堂最早

b

a 圣玛利亚新堂建于1246—1360年，一组建筑物中包括了钟楼、教堂、庭院与墓地。教堂正面正沐浴在晨光下，以白为底，以绿为线，两种色彩的大理石交织出富于立体感的图案，仿佛彩绘一般。

b 圣玛利亚新堂室内。教堂的朴素愈加衬托出空旷的意味。

a

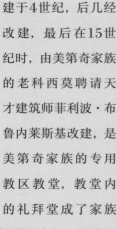

b

建于4世纪，后几经改建，最后在15世纪时，由美第奇家族的老科西莫聘请天才建筑师菲利波·布鲁内莱斯基改建，是美第奇家族的专用教区教堂，教堂内的礼拜堂成了家族成员的墓地。文艺复兴大师米开朗琪罗参与了教堂和礼拜堂的设计与装饰。这个外立面是特地留给米开朗琪罗的，而米开朗琪罗因为与美第奇家族（包括几位教皇）的恩恩怨怨，到死也没有完成，就成了如今这个样子。因此，三面棕红木门分外显眼，及至进入里面，发觉内部设计与装饰也确乎与罗马所见不同。虽然顶上依旧是金方格的装饰，但是趋于简单，青灰色的大理石墙肋，石柱除了冠头拱沿几乎全无雕饰，青灰石色与白色的粉墙形成教堂的基本色调与节奏，朴素庄重。地板的镶嵌图案是灰白交错的菱形图案，抽象单纯，远非罗马教堂的花哨文饰。

教堂两侧有对称六龛，内置油画。其中一幅描写圣约瑟夫与圣子，巧用强烈的明暗对比，构图富于气势，张力感强，用金粉于背景，更增强阳光感，手法效果都相当现代，也许是近现代的作品？祭台前两侧各置有1460年唐纳泰罗74岁时雕刻的青铜布道台，布道台由四根大理石圆柱支撑。上面一圈是讲述耶稣故事和圣劳伦斯殉道的浮雕，这是唐纳泰罗的最后一件作品，他死后也葬

c

a 基尔兰达约《洗者约翰的史迹》(1485—1490)。

b 马萨乔《天主圣三像》(1427—1428)。

c 圣罗伦佐教堂门面与圣玛利亚新堂相反,是砖石无装饰建筑,只是在平板的表面,浮凸一条条平行的砖线,饶有参差。

d 圣罗伦佐教堂虽然顶上依旧是金方格的装饰,但是已然简单,青灰色的大理石墙肋,石柱除了冠头拱沿几乎全无雕饰,青灰石色与白色的粉墙形成教堂的基本色调与节奏。地板的镶嵌图案是灰白交错的菱形图案,抽象单纯。

在这个教堂内。圣体祭台为德西里奥·达赛第尼亚诺雕制。教堂矫饰主义画家布龙齐诺所绘的《圣劳伦斯的殉道》大型壁画,描写圣劳伦斯是被放在铁架上烧死的。行刑地点就在今天罗马的遗址广场上,所以画的背景都是罗马建筑。

在罗伦佐教堂藏有利皮的《圣母受胎告知》(1440),描绘了圣母得知消息时惊讶的姿态与表情。美丽的持花天使清纯的眼光注视着圣母,画面后方站立着两个小天使,前边一个转过头来注视着画外的观众。画面的建筑利用透视造成强烈清晰的纵深感,而红色的运用更让

d

我印象深刻。祭台上的圆顶壁画色彩鲜艳，造型清晰，估计有近代的修复。左墙出口边有大型壁画，多用灰、粉红两色表现，裸体肉色鲜明，色调明快。虽然教堂的色调清冷，然则它的细节表明当下教堂生命力的活跃。

买票参观圣罗伦佐教堂的新、旧圣器室。在教堂主祭坛左边的旧圣器室由布鲁内莱斯基设计，内有唐纳泰罗的雕刻。在这美第奇家族的祠堂里，则看到了不同于教堂的华丽，环堂上下都是用五花八门的彩色大理石、水纹石拼建，甚至极为精致的花草、纹章、瓶盘图形也都是彩石镶嵌，可以说是我所见彩色大理石建筑中最为华贵的。在厅堂中间的华盖下陈列着冠帽一顶。周围立着24幅用黄褐单色描绘的油画，展示着美第奇家族荣耀的历史。四周壁上有6具石棺，2具上有雕像。

然而，令我难忘的是米开朗琪罗1510年设计的新圣器室，在主祭坛右侧。它的空间并不大，却比例严谨，整体感强，集中体现了雕塑跟建筑的关系。新圣器室也是灰色弧拱直梁和白色的墙面，与教堂如出一辙。灰色形成了整体性构架，拱顶开有圆口。这种色彩单纯、装饰简约的风格高度控制了教堂，这是米开朗琪罗的刻意追求吗？可以说，米开朗琪罗对于教堂的设计就如同他创作雕塑一样，也是不肯被教条所约束，而是极有独创性的，从雕塑到教堂，出于一人之手，完美地协调了雕塑与建筑的关系。

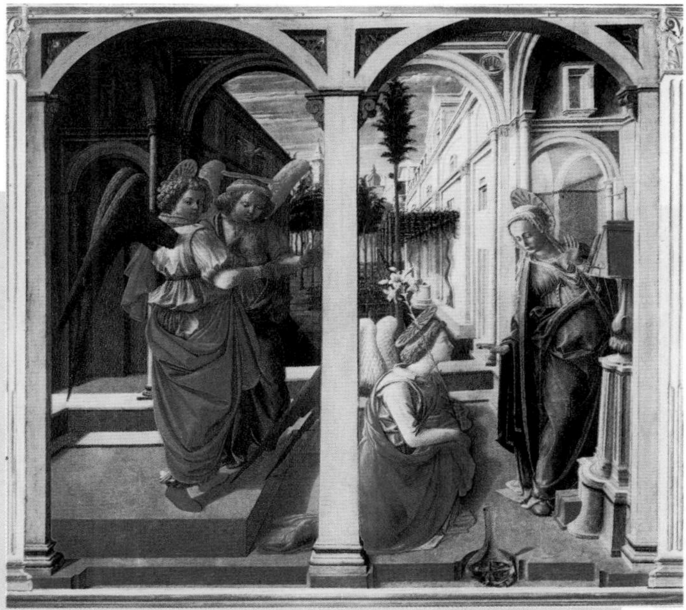

b

新圣器室有两组纪念墓地，一是朱利亚诺·德·美第奇墓，一是洛伦佐·德·美第奇墓，墓上两组像龛内的坐像，一是《行动——朱利亚诺·德·美第奇》，二是《沉思——洛伦佐·德·美第奇》，生生死死，默想欲行，令观者做不绝的哲学思索。每座陵墓前有一对男女人体雕塑，象征着一天的昼（男）夜（女）晨（女）昏（男）四个时间段。二者的名字并不重要，重要的是米氏在墓上所做的雕塑，朱利亚诺墓右脚下是《夜》，左边是《昼》，洛伦佐右脚下是《晨》，左边是《昏》。象征《昼》与《夜》的两具男女裸体雕像，令观者如痴如醉。造型的丰满力度和精神性的充分传达淋漓尽致。尽管米开朗琪罗的女性躯体塑造得如男性般强壮，有意夸张的肌肉却并不显造作，反倒表现出受到压抑的生命力量的勃勃涌动。与《昏》相比，《晨》的女性从乳房上看似乎更年轻一些，欲起的模样，动作却有些慵懒，灯光形成的点点高光在光滑的形体表面流荡，一直从指尖到脚尖，形成了音乐般的韵律与节奏。这两组雕塑杰作明媚抢眼却并不抢夺空间，而是配合得恰到好处。在这样的空间里，杜绝了外界的市声，是极适合于静思的。当时一位诗人写下了这样一篇赞美《夜》的诗歌：

a　旧圣器室环堂上下都是用五花八门的彩色大理石、水纹石拼建，甚至极为精致的花草、纹章、瓶盘图形也都是彩石镶嵌，可以说是我所见彩石建筑中最为华贵的。

b/c　在圣罗伦佐教堂藏有利皮的《圣母受胎告知》（1440），描绘了圣母得知消息时惊讶的姿态。美丽的持花天使清纯的眼光注视着圣母，画面后方站立着两个小天使，前边一个转过头来注视着画外的观众。画面的建筑利用透视造成强烈清晰的纵深感，而红色的运用更让我印象深刻。

c

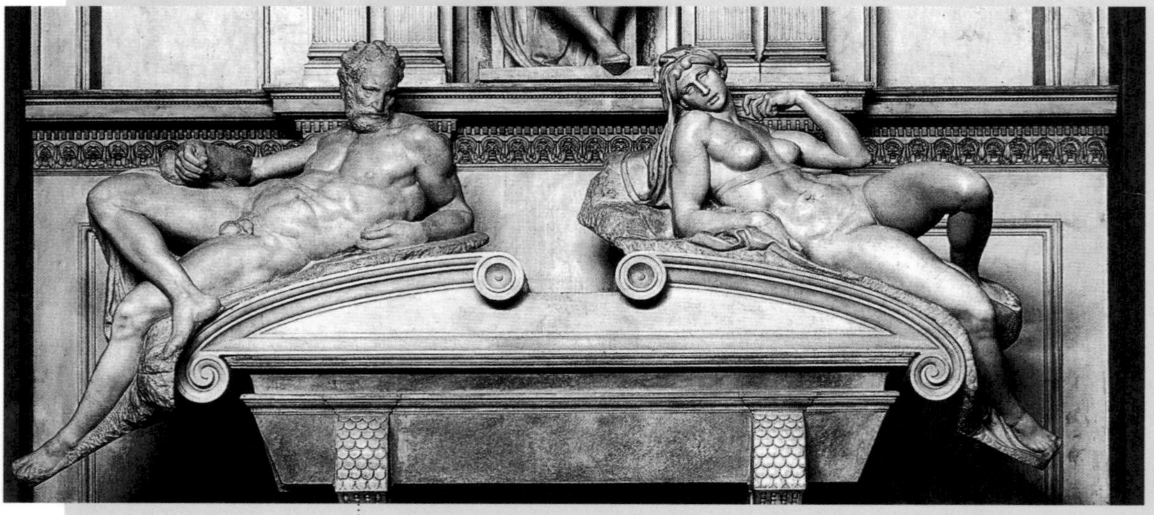

a

a 米开朗琪罗的《夜》与《昼》。雕像造型的丰满力度和精神性传达得淋漓尽致。尽管米氏的女性躯体，如男性般强壮，有意夸张的肌肉却并不显造作，反倒表现出受到压抑的生命力量的勃勃涌动。

b 米开朗琪罗的《晨》与《昏》。女性从乳房看似乎更年轻一些，欲起的模样，动作却有些慵懒，灯光形成的点点高光在光滑的形体表面流荡。男性的表现则略逊于《昼》的造型。

夜，为你所见到的妩媚的睡着的夜，
那是受天使点化过的一块活的石头，
她睡着，但她具有生命的火焰，
只要她醒来——她将与你说话。

米开朗琪罗回答道：

睡眠是甜蜜的，
成为顽石就更幸福；
只要世上还有罪恶与耻辱的时候，
不见不闻，无知无觉，
于我是最大的快乐，
因此，不要惊醒我啊！
讲得轻些。

讲得轻一些，脚步轻一些。我在新圣器室凝神观看。新圣器室还有三尊雕像，中间的叫《美第奇的圣母子》，也是米开朗琪罗的作品。米开朗琪罗是佛罗伦萨人，就埋葬在离家不远的圣十字架教堂。他的作品藏在佛罗伦萨的各大博物馆里，甚至，他的大卫永远地从半山的广场上俯瞰着佛罗伦萨这个美丽的城市。

b

18.

花之圣母大教堂

Santa Maria del Fiore

古典优雅高贵的美之奇迹

a 佛罗伦萨房屋红顶片片，连成起伏的赤色海洋，白黄的墙面熠熠，四周青山环绕，连绵不尽。连湛碧的蓝天都好像是为佛罗伦萨的饱和色彩而生，鲜艳地衬托着佛罗伦萨的鲜艳，又有白云几朵与高耸出来的花之圣母大教堂、钟楼白底基色遥相呼应。

花之圣母大教堂高107米，是世界第四大教堂，1982年作为佛罗伦萨历史中心的一部分被列入世界文化遗产。也是旅游者来佛罗伦萨游览的中心内容。从圣玛利亚新堂东的意大利广场顺庞扎尼（Panzani）街前行，狭窄人行道上挤满了来自全球各地的旅游者，摩肩接踵，你碰我撞，彼此都很友好，是被佛罗伦萨的阳光所感染的。弯向科雷塔尼（Cerretani）街，已经可以看见教堂的一斑，紧走几步来到广场，立即被教堂、钟楼和洗礼堂的外观震撼得哑口无言，不知道用什么样的语言来表达自己的感受。

主教堂的立面曾经在1588年被毁，19世纪后半叶重建起来。建筑外观的装饰把佛罗伦萨华丽一派的风格发挥到极致，乍一

a

c

b

看，以为是彩绘的图案布满了建筑的表面，尤其是乔托设计的钟楼，像高耸入云的彩色方柱。仔细端详大教堂，表面上覆盖的是大理石，绿色、白色、粉红色大理石交替使用，用的是卡拉拉的白色大理石、普拉托的绿色大理石和玛雷玛的粉红色大理石，以白为底，绿、红为线，兼有黄、赭、粉色，编织出几何形、点、线和一些窗棂拱缘的变化饰线图案，而红色大圆顶身缀白色拱肋顶着白色尖顶巍峨其上。整个教堂犹如风情浓郁的织锦，一反宗教所特有的肃穆沉重之感，洋溢着文艺复兴时代所推崇的古典、优雅、自由，有着视觉与精神的双重愉悦。大教堂于1296年奠基，1367年由全民投票决定在教堂中殿十字交叉点上建造直径43.7米，高52米的八角形圆顶。最终布鲁内列斯基胜出。大教堂于1436年3月25日举行献堂典礼。天才建筑师布鲁内列斯基仿造罗马万神庙设计的教堂圆顶，直径42.2米，仅次于罗马万神庙，是世界第二大穹顶。布鲁内列斯基也是才华横溢，能够把哥特式的轻巧、飞扬的特点和罗马沉重雄伟的特点融合，形成文艺复兴时期的杰出设计，体现古典人文主义的哲学精神，在建筑上实现“人的尺度”，非常人可及。后来米开朗琪罗模仿它设计了梵蒂冈圣彼得大教堂。

六角形的洗礼堂成为与教堂分开的具有特殊职能的建筑物，新

b　仔细端详大教堂，表面上覆盖的是大理石，绿色、白色、粉红色大理石交替使用，编织出几何形、点、线和一些窗棂拱缘的变化饰线图案。整个犹如风情浓郁的织锦，洋溢着视觉与精神的双重愉悦，一点也没有宗教所特有的肃穆、沉重感。

c　曾经做过佛罗伦萨执政官的但丁在这个洗礼堂受洗，但丁称它为“美丽的圣约翰堂”，是最古老、最漂亮的建筑之一。

a

a 文艺复兴初期意大利最重要的雕刻家吉贝尔蒂。

b 吉贝尔蒂减少了东门的装饰图案，主要利用绘画的形式加以表现，细腻地塑造了人物的动态，表情刻画得栩栩如生，并且利用透视再现了人物的位置、空间环境和深度。大门的镀金至今闪闪发亮，整个青铜大门洋溢着一种金色的轻雾。米开朗琪罗称它为“天堂之门”。

c 北门上的28格浮雕给我留下深刻的印象，门框装饰较为朴素简洁，人物雕刻则更为惟妙生动。图为门中的6格浮雕。

入教的人通过浸入水中来接受信仰的洗礼。曾经做过佛罗伦萨执政官的但丁就在此受洗，称它为“美丽的圣约翰堂”。洗礼堂最早建于5世纪，是最古老、最漂亮的建筑之一。基本以绿、白二色大理石覆盖表面，图案没有教堂与钟楼的华丽，也没有后两者的红色大理石。相形之下就显得素朴一些，它的外表受到自然的污染，不免显得黑灰脏污。洗礼堂内部堂顶有13世纪的8片壁画及圆顶画。但是它的三道铜门最为精彩。洗礼堂南门由安德烈·皮萨诺设计制作，每扇门分为14个方形，7个方形为一条，一共28个方格，方形四周以花卉和几何图形装饰，四角突起以兽头点缀，方形内描绘《圣经·旧约》故事。构图严谨平稳，人物塑造精微，衣褶柔软飘动。青铜门框四周装饰着花卉鸟兽，体现出典型的文艺复兴时期的图案特征。北门和东门则是由文艺复兴初期意大利最重要的雕刻家吉贝尔蒂（1378—1455）设计。吉贝尔蒂是金银首饰匠出身，在1401年的设计投标中获胜后，用了21年制作北门上的28幅浮雕，其后又用了长达27年的时间制作东门上的10幅浮雕。画面采用旧约传说中的10组故事为题材，左右依序而下：

一、亚当夏娃被逐出伊甸

二、该隐和亚伯

三、挪亚醉酒及方舟

四、亚伯拉罕

五、雅各和以扫

六、约瑟解梦

七、摩西受领十诫

八、耶利哥城灭亡

九、扫罗与大卫

十、所罗门王的圣殿博物馆

南门、北门都很精彩，装饰和构图手法基本相同，但是吉贝尔蒂的门框装饰更为朴素简洁，人物雕刻则更为微妙生动。相比较而言，北门上的28格浮雕给我留下了深刻的印象。而东门则大有不同，吉贝尔蒂减少了装饰图案，主要利用绘画的形式加以表现，细腻地塑造了人物的动态，表情刻画栩栩如生，并且利用透视再现了人物的位置、空间环境和深度，这是前两个门所没有的。大门的镀金至今闪闪发亮，仿佛整个青铜大门洋溢着一种金色的轻雾。东门的内容虽然也是表现《圣经》上的故事，但由于画面气氛浓郁，雕刻精美，连米开朗琪罗都赞赏不已，称它为“天堂之门”。

主教座堂前排起了长队，人们陆陆续续进入教堂，发觉里面广大的空间简朴得有些空旷，可同时容纳一万人，带棱的方柱间距宽大，拱顶弥高，分割锋利，色彩单纯，与圣彼得大殿对比显得过分鲜明，倒让人以为这种简朴是故意的追求。而游者的全部注意力都会集中在极高的大型圆顶壁画《最后的审判》，这件16世纪的壁画由瓦萨里与朱卡利绘制（1572—1579），瓦萨里是米开朗琪罗的学生，对于建筑、雕塑与壁画的贡献显著，也是美术史家，著有著名的《艺苑名人传》。文艺复兴这个词，就是瓦萨里在书里最先提出来的。瓦萨里的著作，给后人留下了当时美术家的翔实资料，弥足珍贵。仰着脖子看画困难，年轻人们索性躺在大理石地板上，枕着背包，细细品味壁画的精彩。壁画气势磅礴，人物众多，层层叠上，直至明亮的八边孔口；基督气度轩昂，背后太阳金光四射，祥云团团，可惜造型与精神性的内层表现略弱，难以与米开朗琪罗为梵蒂冈西斯廷小教堂所作的《最后的审判》媲美。

b

c

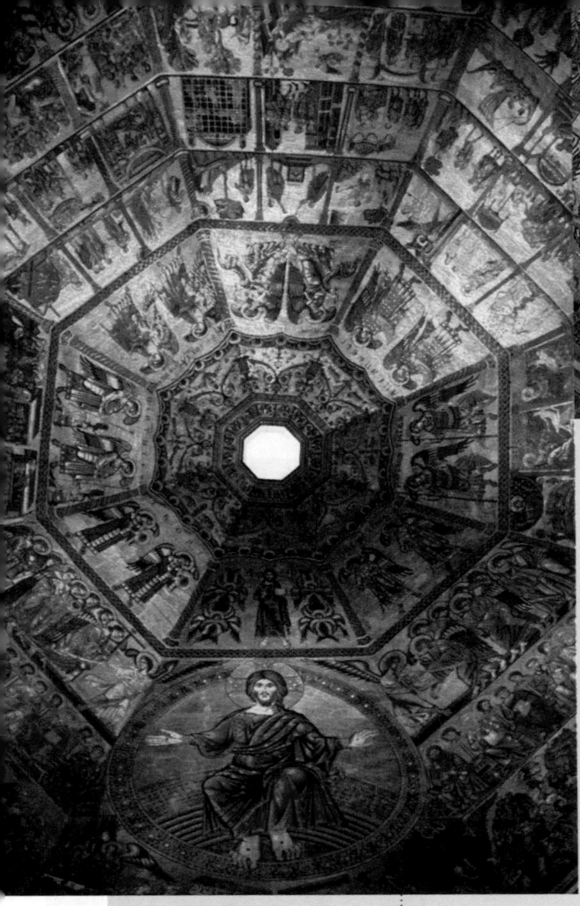

a

出教堂，眼前的84米高的乔托钟楼拔地而起，直入云霄。钟楼建于14世纪，与其说是宗教钟楼，不如说更像是工艺品，富丽堂皇得如同幻境。乔托的绘画我早已闻名，哪里想得到还会有如此美妙的建筑杰作？乔托时负盛名，1334年被任命为大教堂工程的总负责。画家、雕塑家与建筑师身份的结合，可以产生无数富于艺术幻想的建筑杰作，这在米开朗琪罗、贝尔尼尼、布鲁内列斯基、乔托等人那里得到证明，画家的想象力与创造力在设计里也得到充分的发挥。钟楼从1334年开始到完成用了30年的时间，先后由乔托（两层）、比萨诺（中部带有竖梁的高大细长窗户）、塔兰蒂（顶部）完成，但是和谐无间，直上直下，三色斑斓，三种大理石在艺术家的手里迸发出耀眼的生命光彩。

a　佛罗伦萨花之圣母大教堂前洗礼堂内的穹顶壁画《最后的审判》，是13世纪拜占庭风格的马赛克镶嵌。

b　大型圆顶壁画《最后的审判》由瓦萨里与朱卡利绘制。壁画气势磅礴，人物众多，层层叠上，直至明亮的八边孔口，基督气度轩昂，背后太阳金光四射，祥云团团，可惜造型与精神性的内层表现略弱。

从教堂南侧排队买票登主教堂的顶。烈日炎炎，如蒸似炙，长队由于控制登顶人数而移动缓慢，两步一停，一停就仿佛生根不动，让人难耐。蒸出一身油汗，欲昏欲晕之时进入侧门，阴凉扑面，舒适从每一个毛孔进入体内，喜悦堆上面孔的每一平方毫米。又是一个终见希望的等待，终于买票踏上攀登的阶梯。石梯螺旋上升，宽窄仅容瘦者两人侧身，有的地方坡陡，需要旁边铁栏扶手相援。一段一歇，气喘吁吁。据说共有436级台阶，有得一爬。越爬越高，心中悬悬。终于爬到高达110米的圆顶的采光亭上，采光亭全部用白色大理石制作，与圆顶的红色形成对比，但是，又通过圆顶上的白色肋线与建筑主体相连。采光亭外一圈铁栏杆似乎难以保证安全，颤颤抖抖走在靠里处，不敢举足，拖着步子，仿佛踏步的震动足以造成可怕的坍

b

a　乔托钟楼与其说是宗教钟楼，不如说更像是工艺品，富丽堂皇得如同幻境。钟楼从1334年开始到完成用了30年的时间，先后由乔托（两层）、比萨诺（中部带有竖梁的高大细长窗户）、塔兰蒂（顶部）完成，但是和谐无间，直上直下，三色斑斓，三种大理石在艺术家的手里迸发出耀眼的生命光彩。

塌。3米宽的地面微向外斜，更加造成欲滑欲坠的感觉，良久得以镇定。游人由于攀爬得费力，有些留恋此地，多聚在背阴处，胆大的傍边而坐，凭栏下望。其实栏下仅是红色圆顶，岌岌可危地滑向周围如渊深谷。还是远望的好。

鸟瞰美丽的佛罗伦萨，街道上都是观光人潮，大街小巷，尽收眼底。已经去过的地方，可以清晰辨认。逆光的乔托钟楼略低，似乎近在咫尺，由于透视，感觉有些倾斜，背后无所依托地空虚，显出钟楼的突兀，却有不可思议的奇异。房屋红顶片片，连成起伏的赤色海洋，白黄的墙面熠熠，好似泛起的波光荡漾，街巷曲折窄小如波纹，四周青山环绕，连绵不尽，连湛碧的蓝天都好像是为佛罗伦萨的饱和色彩而生，鲜艳地衬托着佛罗伦萨的鲜艳，又有白云几朵与高耸出来的教堂、钟楼白底基色遥相呼应。几种色彩放在一起，组成了浓妆艳抹总相宜的图画，单纯而不媚俗，新鲜里有一种久远的意味。佛罗伦萨就好像是文艺复兴中启蒙的老师，在重峦叠翠的山谷中绽放着智慧的光芒。

从圆顶下到内部圆顶画下的边廊，俯瞰下面，如蚁游人正仰头上观，斜上方看，基督持杖挥臂令天地动容。走道狭窄悬空，不由心胆觳觫。顺台阶盘旋而下，终到地面，脚踏实地的幸福油然而生。再抬头仰望雍容华贵的圆顶，顶上游人成黑点，几乎不能相信自己刚从上面下来。这座布鲁内列斯基于1436年完成的大教堂，设计、施工技术水平真是不可思议。他的墓穴就在教堂的布道台下，隐蔽而不引人注目。

a

19. 圣母领报教堂与圣马可教堂及修道院

Santissima Annunziata & Museo del Convento di San Marco

教堂内画作比外表更加美丽

a

慢慢溜达到圣母领报教堂。教堂在圣母领报广场东北，广场三面回廊环绕，吸引了当地人和游客在此闲坐。费迪南多·美第奇公爵一世青铜骑马雕像正对着街口，望下去可见漂亮的花之圣母大教堂。圣母领报教堂于1250年由圣母忠仆会所建。1444年，建筑师米开罗佐改建了教堂。到了1469年，建筑师阿尔贝蒂负责教堂的后续建造。那时修道士定期为杰出的艺术家提供住宿。1500年，达·芬奇在旅居米兰18年后回到佛罗伦萨，就曾住在圣母领报教堂。1601年，建筑师乔瓦尼·巴蒂斯塔·卡奇尼按照布鲁内列斯基的育婴堂的样式建造了今天所见的教堂外立面。

圣母领报教堂的正面也是朴素得无以复加，4个简单的拱门内是前廊；门廊后，是一个15世纪增加的方形中庭，这儿曾被称为“死亡之门”。中庭内有安德烈亚·德尔萨托等人画的十几幅壁画。墙上的壁画色彩已经浅淡。但是，一幅描绘耶稣降生的壁画画得十分出色。有趣的是，圣母与圣子均留着白墙底色，以及底稿的笔线，似未画完，倒给观者留下想象，但是为什么不画完却是一个疑问。朝拜的众多人

b

物、背景的山野都刻画得细致完整，平面化的山水形式感颇强，显示出此时的宗教绘画对背景风景的精神性追求——一旦人们愉快地看到自然的真实细节，象征性的精神习惯就使得他们关注的花和树不仅是愉快的，也是神性的。但是，这神性逐渐地被用天真的眼光去观看，去描绘，由此迎来了文艺复兴绘画中的山水。这在但丁的诗歌中也可以感觉到，即从阴暗的森林走到林溪和鲜花的小径。可是，在佛罗伦萨的学院博物馆里，我看到的中世纪早期的佛罗伦萨绘画传统，还没有风景的一席之地，在乔托的画中，山野是荒凉的，裸露的岩石遍地。耶稣与圣徒就是踟蹰在这样清苦的环境中。

一名叫巴托洛米奥的画家画了一幅有关圣母领报的湿壁画，供奉在教堂的圣母领报小礼拜堂内。教堂也因这幅画而得名。圣母领报教堂的雕塑和浮雕装饰也十分丰富，教堂内令我印象深刻的有两件雕塑，一为女圣徒彩塑，彩塑多见，但是此像有7把匕首插入胸膛，出于何典不明；一为侧堂内跪在纪念碑前的持板少女祈祷像，表情写实得栩栩如生，动态造型生动，在教堂雕塑中难得一见。有趣的还有，在右手所持的大理石白板上，刻有线描的坐在云上的少女像。另外，教堂巨大的圆形拱顶画，描绘上天圣景，蔚为壮观。据说教堂内部的管风琴是佛罗伦萨最古老的，也是全意大利第二古老的管风琴。

再下来参观更西北处的圣马可教堂。教堂建于15世纪，16世纪后期由詹波隆那改建成今天的结构，里面的绘画多是16—17世纪的。教堂外立面是18世纪新古典主义风格。圣马可教堂内右侧有一尊耶稣头戴荆冠的坐像，有相当的艺术水准，表现不俗。前部侧墙大

a　教堂内令我印象深刻的是一尊女圣徒彩塑，彩塑多见，但是此像有7把匕首插入雕像胸膛，出于何典不明。

b　圣母领报教堂广场比较奇特，三面回廊环绕，费迪南多一世骑马雕像正对着街口。

a

油画里描绘的是宗教人物正在展示一幅手持百合花红色《圣经》的黑衣教士像。不同寻常的是，展示的这幅画不是画在画中，而是将一幅带框的画镶入大画里，这在教堂绘画中从未见过。其圆顶画内容构图与圣母领报教堂相似，但气魄略小。在左边有彩绘的圣母与圣子雕像，白色长袍，粉红的装饰，以及肉色的肌肤，在黄色灯光的照耀下，洋溢着温馨愉快的气氛。在侧堂内放置着好像是木乃伊的尸体，也许是一位教堂主持的遗体？左侧中部立柱边陈列了一尊黑衣教士冥想雕像，表情肃穆，一副隐忍遐想的样子。此外尚有油画，表现手法现代，估计出于近人之手，这也是佛罗伦萨教堂不同于罗马的另一特点。在罗马，似乎除人民广场的奇迹教堂外，多是有些年头的古典油画。而在佛罗伦萨，古老油画多集中在更衣所、博物馆，而教堂里的以复制品、新油画代替。

b

c

a　圣马可教堂的正面。广场上是熙熙攘攘的景象。

b　圣马可修道院在教堂旁边，四方的两层房屋围着一个绿绿的庭院。

c　圣马可教堂内有一尊耶稣头戴荆冠的坐像，有相当的艺术水准，表现不俗。

d　圣马可教堂内景。

d

a

a 安吉利科的壁画《圣母受胎告知》(1450)。天使与圣母被前景的两个拱门分开，上身都有些呼应地前倾，表情有微妙的心理表现，同样是交叉双手，天使放在胸前，以示恭敬；而圣母则放在上腹，似乎显示了被告知受胎的惊讶。天使与圣母的姿态是优雅的，色彩是温和柔美的。

b 安吉利科的另一幅《圣母受胎告知》。两幅画中的圣母呈现了不同的姿态，耐人寻味！

教堂旁边的修道院已经改变成了博物馆，圣马可修道院修建于13世纪，1437年扩建。进去以后，先上二层，迎面就是安吉利科的壁画《圣母受胎告知》。这个题材，不知被多少画家们所描绘，甚至连构图都有些模式化，但是安吉利科的描绘仍属一流。天使与圣母被前景的两个拱门分开，上身都有些呼应地前倾，表情有微妙的心理表现，同样是交叉双手，天使放在胸前，以示恭敬。而圣母则将手放在上腹，似乎显示了被告知受胎的惊讶。背景敞廊实际上模仿了修道院早期文艺复兴风格的图书馆，廊柱的透视有强烈的纵深感，一直延伸到打开了一扇窗户的房间中，这扇窗户也就是透视的灭点。透过窗户，可以看到那边的树木。“打开的窗户”是用来象征圣灵的进入。草地如同人工性的花毯，点缀着装饰性的花朵。天使与圣母的姿态是优雅的，只是天使的翅膀画成了条纹图案，虽然不是别出心裁，但看上去毕竟有些花哨。壁画色彩是温和柔美的，既不深重，也不鲜亮，显然是用蛋彩法画成。

回廊的三面分布着44个修士修行的小屋。小屋空无一物，圆拱白墙，墙边内凹并开一小窗，小窗两层，内层是木板上再开巴掌大的小口，从小窗可以看到一点院子里丰满的绿色，也就是一点点吧，关上窗，就是与世俗的现实生活隔绝，这大约也有利于静修吧。窗边墙面绘着壁画，各屋内容、风格相近，是安吉利科和他的助手们创作的《耶稣的一生》的不同场景。其中从第一到第十一小屋的壁画，以及走廊右侧《圣母与圣子们》的壁画大多是由费拉·安吉利科自己独自完成的。画面多看就觉得乏味，倒是修士修道的环境令人遐想不已。而与修士静修小屋相通的长长走廊，是1441年米开罗佐为老科西莫设计的图书馆，后成为欧洲第一个开放的公众图书馆。

回到楼下，修道院有两个回廊，一个以圣安东尼乌斯命名，另一个是圣多明我。圣安东尼乌斯回廊上方布满了15—17世纪所绘的壁画。大多讲述的是圣安东尼乌斯的生平故事，走廊尽头是安吉利科的《圣多明我跪拜十字架上的耶稣》除此之外，还有一些柱头、纹章、雕像的陈列。回廊上的小堂里还有基尔兰达约的《最后的晚餐》壁画。但是，最为精彩的展品当是绘画展厅里的安吉利科的作品，使我对以前所知了的安吉利科有了深刻印象。安吉利科不到三十岁成为多明我会修士，终生创作宗教

b

a

a　安吉利科画在修道院房间里的一幅壁画。一个简陋窄小的房间，现在已经空无一物，只有安吉利科的画在墙上熠熠闪光，这是永久的陈列。

b　安吉利科《耶稣下十字架》(1425—1440)。

c　安吉利科的油画《请不要触摸我》(1450)。画的是耶稣扛着锄头在园地里，背后的抹大拉半跪伸出双臂，似乎要抚摩耶稣，耶稣回头，略伸右手，是婉拒的表示吗?

画。在这里就有他留下的四十多幅壁画。安吉利科所绘的《圣母子》，脸部色彩极为柔和，刻画细致入微，众多教徒的形象虽然动作略显呆板，轮廓稍嫌生硬，面部形象却塑造得十分个性化，避免了中世纪的呆板、僵硬的表情。安吉利科的小型油画就更见功力，而且表现得饶有趣味，例如《请不要触摸我》，画的是耶稣扛着锄头在园地里，背后的抹大拉半跪伸出双臂，似乎要抚摩耶稣，耶稣回头，略伸右手，是婉拒的表示吗？这个名字究竟是后人对耶稣手势的猜度呢，还是里面真的有什么典故？不知道。

安吉利科十分虔诚，将宗教情感融入了绘画创作中，其《最后的审判》局部都相当富于幻想，将衣着各不相同的众圣人围圈牵手，即将冉冉进入天堂的局部情景，描写得极有诗意。安吉利科修士，在这种清净得单调的环境中，修筑了一个精致、敏感、想象的感觉世界。并且，所有的感觉都升华为一种神圣性，用以证明天堂的存在。

站在庭院里的阳光下，方正的庭院是一圈回廊，庭院里有精心修整的花圃。这是一个封闭的天地，蜂虫在眼前的花蕊上落下来，因为静，扇翅的声音也听得到。修道院是普通的，但是因为有了这些画作，就变得分外光彩了，修士们静心作画，这心境是俗人没有的。修道院的生活、祈祷、研习、体力劳动、进食和睡眠都有严格的规律，日复一日，想必是枯燥乏味的吧。修道院是一个寂静的封闭世界，是一个苦修的场所，与世隔绝，它只和上帝对话。但是，安吉利科修士在绘画里找到了乐趣，内心里是平静而安详的吧。在这祥和里，也还是有对纯洁女性的爱，或许这就是安吉利科修士能够把圣母画得如此美丽的原因。

b

c

20.

圣玛利亚·德尔·卡迈纳教堂

Santa Maria del Carmine

真实表现人类悲剧的马萨乔

黄昏的时候，沿着阿尔诺河漫步，即见圣弗雷蒂亚诺（S. Frediano in Cestello）教堂。正面造型是带三角顶的凸形，单纯得少见，以碎石块与砖混合砌成的墙面呈现出斑驳的土褐色，显示了一种古朴久远的历史沧桑，不同于罗马的红砖教堂，有一种绵实的单纯韵律。后来发现佛罗伦萨的部分教堂门面都是砖石参差地筑就，像圣罗伦佐教堂等，镶以土红的木门，极是朴素稳重，带有清修的色彩。但不知这是故意的风格追求，还是

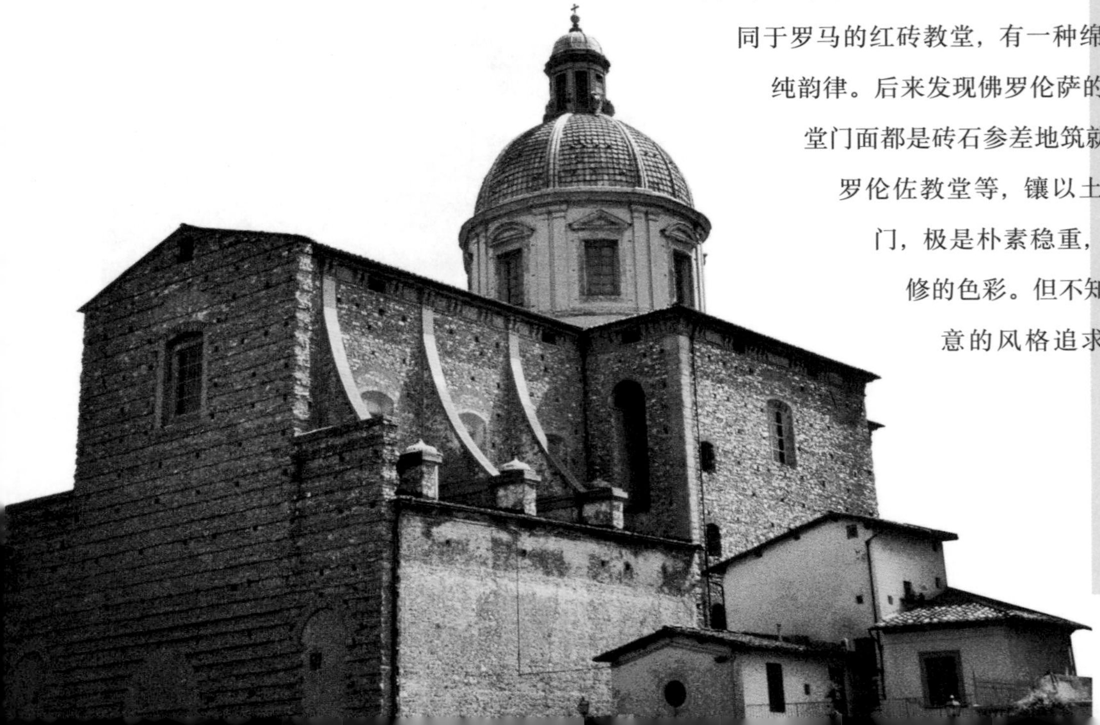

a

财力所限或是建材难寻？因为佛罗伦萨的教堂，还有另外一种独特华丽的装饰教堂与此等素朴形成强烈的对比。例如，最著名的主教教堂、圣玛利亚新堂等，采用红蓝白三色大理石拼成装饰图案，是华丽的装饰一派，和动辄有石柱前廊拱门的罗马风格教堂完全不同。在佛罗伦萨还有将两者结合的，像菲耶莱索镇的隐修院。

b

往南是圣玛利亚·德尔·卡迈纳教堂，规模比前者大了许多，也因为它前边有一个同名的不大不小的广场。感觉上大，因为没有什么游人，没有周围通常存在的商店、餐馆，在阳光灰亮的照耀下空旷得有点寂寞。教堂的名声因为布朗卡奇家族礼拜堂里的壁画而远播，壁画描绘最早是马萨乔（1401—1428）和马索利诺合作，后来因马索利诺离去而中断，并因为马萨乔1428年去了罗马并死在那里而最终停止。1481—1482年，菲利皮诺·利皮修补并最终完成了这些湿壁画。

其中我最喜欢马萨乔的《逐出伊甸园》，这是把亚当与夏娃偷吃禁果而堕落的情节，作为一种深刻的个人损失和人类悲剧加以表现的第一件作品。虽然也有无数画家画过同样的题材，但是没有人能像马萨乔那样表现得如此精确深入，如此升华，却又如此地戏剧性。这是一幅人类心理表现的肖像：夏娃因为感到羞耻而用手遮住了自己的胸部和下体，仰头绝望的哭泣，而亚当痛苦地垂着头双手掩面，踉踉跄跄的动作控制了整个画面，痛苦如此丰富地充盈，最后上升为人类精神痛苦的象征。没有伊甸园的场景，因为背景是概括的、模糊的，只有伊甸园的墙门像符号一般矗立在左边；没有裸体的性感，因为色调是沉重的、晦暗的，树枝遮掩着两人的羞处。只有两人不同的表情和动作，留给我们直觉的感动和可加分析的深思。上空飞翔的红衣天使手执利剑，代表上帝的意志执行惩罚，俯视着这一对人类的伴侣，似

a　阿尔诺河边的一处教堂。佛罗伦萨的部分教堂门面都是砖石参差地筑就，镶以土红的木门，极是朴素稳重，带有清修的色彩。但不知这是故意的风格追求，还是财力所限或是建材难寻？

b　圣玛利亚·德尔·卡迈纳教堂。

a 教堂的名声因为布朗卡奇家族礼拜堂里的壁画《逐出伊甸园》(1427)而远播，这是把亚当与夏娃偷吃禁果而堕落的情节，作为一种深刻的个人损失和人类悲剧加以表现的第一件作品。马萨乔表现得精确深入，如此升华，却又如此地戏剧性。

b 马萨乔，《纳税钱》，1427年。

c 圣玛利亚·德尔·卡迈纳教堂内景。马萨乔《逐出伊甸园》就在左侧图片的上部。

乎也满含同情和遗憾，我们不妨也把它看作画家的态度。

在当时，马萨乔遵循《圣经》故事中亚当夏娃原本就是裸体的情节，描绘赤身裸体的亚当和夏娃，坚持写实精神，也是文艺复兴精神的体现。布朗卡奇家族礼拜堂还有马萨乔一系列非常重要的作品，如《纳税钱》《逐出乐园》《圣彼得以阴影救治病人》等，显现出对人的肯定，对现实生活的描绘让画面有着尘世的气息。16世纪佛罗伦萨著名的美术史家乔治·瓦萨里(1511—1574)，曾经这样赞美马萨乔：“我们能把开创一种新的绘画风格的荣誉授予马萨乔。确实，在他以前人们所完成的每一件作品都能被描述为虚假的，而他所创造的作品则是活生生的、真实的、自然的。”

现实的生活也是活生生的、真实的、自然的，与墙上的绘画相对照。教堂大门外，几个游人坐在台阶上休息。一个兴冲冲的乞讨老汉快步走到三个年轻女孩面前，伸出筋骨棱棱的大手，却没有得到期望的回应，乞丐就继续把手心向上，坚持得有些理直气壮，这简直是一种耐性的比赛，三个女孩还是不睬，失望的老汉终于转移了对象——一个挎着相机正用眼睛描绘教堂正面的旅游老人。老人很快掏出了钱包，拿出几个硬币来。乞丐马上又转向别的游客。无论罗马还是佛罗伦萨，在教堂门前，总会有一个乞丐把守，似乎这是属于他(她)自己的地盘。但是，让我来看，这个教堂不是谁的，是马萨乔的。

a

b

c

21.

圣十字教堂

Santa Croce

司汤达在这里陷入美的幻境

a

法国作家司汤达曾经这样描述1817年的一天参观圣十字教堂后的感觉：“身处佛罗伦萨，见到那些伟人陵墓，我仿佛陷入某种幻境。我被那种崇高无上的美吸引……我感到心脏急剧跳动，仿佛生命即将终结，举步维艰，害怕自己随时会跌倒。”精神与视觉的冲击会使得一个人参观后难以举步，失魂落魄。后来这种现象被命名为司汤达症状（Stendalismo），据说每年佛罗伦萨的医生会收治十几例这种病人。圣十字广场较大，四周有石凳供游人歇脚，以便欣赏广场上时起时落的鸽群。圣十字教堂属圣方济各会，由阿莫尔福·迪坎比奥于1294年开始设计和建造，在这座建筑里，埋葬有大约300位文学、艺术、科学和政治人物，其间布满了他们的陵墓和纪念碑，其中包括但丁、米开朗琪罗、伽利略、马基雅维利、罗西尼等，也算是座名人堂了。

圣十字教堂的哥特式风格，自是与主教堂的圆拱不

a 圣十字教堂里体现了哥特式轻快和空间感的尖拱柱廊，被包容在厚重的墙壁和桁架支撑的木制屋顶中，保持了罗马式传统对墙壁的重视。教堂内开间宽阔，柱间距大。

b 祭台后大片的彩色镶嵌玻璃窗，由于教堂朴素的对比，散发着迷人的光彩。祭台本身倒十分单纯，巨大的十字架苦像是奇马布埃的作品。

a　米开朗琪罗墓碑的中间是他的半身雕像，石棺下方是掌管绘画、雕刻和建筑的三女神雕像。哀伤的女神们簇拥着石棺上方米开朗琪罗忧郁的半身像，传达出一种悲悼和哀伤的情绪。米开朗琪罗在我眼里几乎是神。瞻仰其墓，心里充满崇敬。

b　教堂大门左侧的但丁雕像表情威严，却也隐隐流露出一丝愁苦的意味。

同，1863年才增建的正立面均用尖券和肋架券，直线尖锐，用白、绿两色大理石覆盖，灰色的六面石柱顶托着圆尖高大拱门，瘦削挺拔，是哥特风格的美丽典范。许多旅游指南把圣十字教堂誉为全意大利最美的哥特建筑。哥特风格最早出现在12世纪，14世纪达到了全盛时期，创造了与罗马时期的圆拱不同的尖拱形式，不同结构的肋拱，作为支撑结构的飞肋，极大地丰富了欧洲的建筑。但是，在圣十字教堂，体现了哥特式的轻快和空间感的尖拱柱廊却被包容在厚重的墙壁和桁架支撑的木制屋顶中，保持了罗马式传统对墙壁的重视。教堂内开间宽阔，柱间距大。教堂里宽大的正偏三殿间以八棱列柱支撑，列柱上飞起大跨度的双沿尖顶连拱。从入口到三大殿尽头，整个地板用旧墓石铺就，祭台后大片的彩色镶嵌玻璃窗，由于教堂朴素的对比，散发着迷人的光彩。祭台本身倒十分单纯，巨大的十字架苦像是奇马布埃的作品，在1966年的水灾中被破坏，随后做了修复，但是只在

a

b

脱落的地方，涂以接近主调的色彩。

但丁的灵柩上是但丁的坐像。赤裸的上身，哀伤的表情，但是脑袋和身体好像是硬拼在一起——如此健壮的身体，只有希腊的勇士配拥有，诗人哀愁的脸应该搭配羸弱的身体。教堂大门的左侧，也树立着“文艺复兴的第一位诗人”但丁的雕像。雕像的表情威严，却也隐隐流露出一丝愁苦的意味。曾经做过执政官的但丁卷入佛罗伦萨的黑白党之争，黑党夺取佛罗伦萨政权后，宣布但丁犯有巧取豪夺、非法赢利和反对宗教罪，判处其两年流放，剥夺公权终身，后改判终身流放。但丁流落意大利各地，断然拒绝以宣誓忏悔为条件换取赦免。后佛罗伦萨统治者又对其缺席审判判处死刑。但丁应拉文纳统治者邀请，携子女客居拉文纳，1321年9月14日在拉文纳逝世。也许流亡异地倒是一种幸运，但丁就是在流放地拉文纳完成了《神曲》，写出了最美丽的诗歌，成为意大利最伟大的诗人，他使用的语言也成为全意大利国家的语言。1865年，但丁的坟墓在拉文纳被发现，创作了但丁雕像的意大利雕塑家帕齐将部分骨灰从坟中取出，献给了但丁出生地佛罗伦萨共和国。这些骨灰被放置在一个信封中，存放在佛罗伦萨图书馆内。1929年，存放但丁骨灰的信封在向公众展示之后，便因佛罗伦萨图书馆迁址等原因不知下落。1999年7月19日传出新闻，在佛罗伦萨图书馆内发现置于信封内但丁的部分骨灰，夹藏于古籍善本间。

南边侧廊里是米开朗琪罗纪念墓。米开朗琪罗墓由瓦萨里设计，墓碑的中间是他的半身雕像，石棺下方是掌管绘画、雕刻和建筑的三女神雕像。哀伤的女神们簇拥着石棺上方米开朗琪罗忧郁的半身像，这既代表了这位巨匠在这三个领域取得的辉煌成就，也传达出一种失去巨匠的悲悼和哀伤的情绪。我站立在墓前，心里充满一种崇敬的感情，米开朗琪罗所创造的艺术的伟大与辉煌，让我视米开朗琪罗为艺术的神灵，缪斯的化身。

a

与米氏墓相对的北边侧廊就是伽利略墓，与米开朗琪罗墓略相似，中间是更大一些的伽利略半身像，其下的棺椁两边站立着两个女神雕像。在其他墓上也有一些雕像。

乔托在圣十字教堂留下了许多湿壁画，所绘圣约翰与圣方济各的事迹在佩鲁吉与巴尔蒂小堂里。在佩鲁吉礼拜堂内，乔托画了两组关于圣约翰的生平，其中包括了圣约翰升天的场景。他还在巴尔蒂礼拜堂里画了圣方济各的生平。乔托有对构图秩序把握的高度能力，又会插入一些十分生活化的细节，某些人物与动作十分生动，让人难忘，例如在“弃捐财产”中，最右边角落那个大哭的小孩；在《圣方济各之死》中悄悄撩起衣服检查方济各身体的人。

除此之外，还有罗塞里诺的《圣母喂奶像》和唐纳泰罗的《圣母领报》等珍贵艺术品。在南侧的小堂里有一些精彩壁画，需要投币灯亮才可细观一番。但有些已经剥落失色，相当可惜。北边侧堂则有已经在艺术学院博物馆见过的《索菲墓像》，放在这样的环境里，似乎更加哀伤凄凉。在教堂的地面，镶嵌着许多大理石浮雕人像和文字，是一些著名人氏的纪念碑，大都被游人长期踩踏磨损得几成平面，个别珍贵的用栏杆拦起。

从教堂出来，未感染司汤达症，不知道是幸或不幸的事。漫步至阿尔诺河，从感恩桥（Ponte alle Grazie）过河，到山上的米开朗琪罗广场，广场上树立着《大卫》的复制品铜像，从此处回望对岸的佛罗伦萨，胜过了从花之圣母大教堂顶看佛城。居高退远，青山环抱中的佛城尽收眼里，主教堂、殿宇在红顶民房中突现而出，阿尔诺河畔

a 乔托所绘圣方济各的事迹在佩鲁吉与巴尔蒂小堂里。图为乔托的《圣弗朗索瓦之死》（1320—1325）。

b 唐纳泰罗《圣母领报》（1435）。

楼房如织锦图案，几条主要河桥依次可见。在广场边的露天酒吧桌小坐，清凉冷饮沁人心脾，更有美景良辰醉人。薄云繁衍，如柱的阳光从云隙里倾泻。一时竟有大滴雨水自天而降，游人纷纷躲避到雨伞下，风流云转一瞬间，雨过天晴，竟然地皮都未全湿。

b

22.

圣三一教堂与圣伊涅斯教堂

Trinità dei Monti & Chiesa di Sant' Agnese in Agone

伴随着美丽台阶和广场的教堂

a 未至圣三山教堂，先入眼帘的是有象形文字的方尖碑。方尖碑在教堂前的街中心，汽车来来回回地绕方尖碑而行。

b 从方尖碑的平台往下望，一层层阶梯顺坡而下，曼延辽阔地如瀑布一泻千里。这就是著名的西班牙大台阶！这层层的曲线台阶无限延伸着万千风情，像是一首莫扎特的抒情小夜曲。节日时节台阶的中间地带摆满盛开的鲜花。

未至圣三一教堂，先入眼帘的是有象形文字的方尖碑（1789）。方尖碑在教堂前的街中心，汽车来来回回地绕方尖碑而行。方尖碑发现于罗马某个菜园，后来移至此地。有着双钟楼的哥特式教堂紧挨街面，早先是红砖色，后来被修缮成洁白的外墙，教堂由法国人出资建造，完成于1495年，教堂门的台阶修在两侧，快步而上，门口正在修缮，铁架重重，从其下进入参观。教堂内素洁安静，没有牧师，没有做弥撒者，殿后被铁栅栏拦起。墙上挂着拉斐尔圣母样式的油画，色彩鲜艳如新制。殿后左侧一组基督下十字架白色石雕，却也塑造得生动感人。右侧小堂内的壁画已经漫漶失色，灰灰淡淡地朦胧成一个色调。祭台上幽幽的烛火在昏暗中抖颤不已。

出门来到街对面方尖碑的平台。从平台往下望，一层层阶梯顺坡而下，错落起伏，宽大舒缓，曼延辽阔，如瀑布一泻千里，直通西班牙广场的破船喷泉。这就是著名的137级西班牙大台阶！1725年由法国大使出资修建，连接着高高在上的圣三一教堂与下面平地上的红尘繁华，这层层的曲线台阶无限延伸着万千风情，像是一首莫扎特的

a

抒情小夜曲。节日时节，台阶中间地带有花架，摆满盛开的鲜花，台阶上游客摩肩接踵。有时，服装设计表演也会在这里举行，五彩缤纷的模特儿款款地从台阶上走下来。据说，在这个广场台阶上，著名诗人拜伦、济慈、雪莱，钢琴大师李斯特都留下了自己的足迹……拍摄《罗马假日》的奥黛丽·赫本和格利高里·派克也在台阶上歇过脚，奥黛丽坐在台阶上吃着冰激凌的镜头，让这个广场闻名遐迩。大理石台阶也经历着自然风化、游客踩踏，以及口香糖，烟、酒、咖啡渍等的损坏，不得不进行大的修缮。

回到威尼斯广场的克尔索街口，遥望威尼斯广

b

a

场，维托里·奥·埃马纽埃莱二世大理石纪念堂洁白如玉地展现在阳光下。街口男女警察神态闲散地聊着天，身边行人如流水，小车似长龙。一辆小黑车在路边停下，出来三个穿着灰衣扎着白头巾的修女，到街边的商店买了点什么，又钻入车里一溜烟而去。与威尼斯大厦对称的南边大厦正在展出贝尔尼尼的作品。走累了的妻儿在凉爽的大门厅里休息，我又独自跑到附近韦多尼教堂（Vidoni）参观。教堂后面有巨大的圆形拱顶，有大型油画数幅，场面宏大技法熟练，色彩明亮，可能是近代的手笔。难为教堂想得周到，灯光照明很好，游客两三人，可以静静欣赏。边堂里供奉着圣母雕像，两个白衣蓝裙的实习修女虔诚地下跪默祷，倒令我等后行者不敢从前走过，只好站立一旁观看。奇怪的是供奉的圣婴，好像是塑料的赤身娃娃，表情欢乐，一如玩偶。教堂的静谧深黯，仿佛莫测的洞藏机密，给我留下深刻印象。

而纳沃娜广场是罗马八大广场之一，是宽大的所在，正午亮得发白的阳光，使周围逆光的古老建筑、教堂呈现一种高高的灰黑色，平面里隐藏了虚无的沉重，好像深陷在坑里的地面反射着惨白的日光，轻得像要漂浮起来，人便像走在海面上。而东北面的楼房在阳光下展现一种图案化的窗棂门楣，阳伞下就餐的游客像海市蜃楼里的情景。不真实、失色、黑白对比的悬殊，惨亮与空虚的阴暗，交织成我对纳沃娜最初但是永不会忘记的印象。

纳沃娜广场的大是因为其原来是多米齐亚诺竞技场的废墟，改建后仍然保留了面积的原形——一个规整的长方形。它的疏与周围房屋的密、街道的窄，形成了不可思议的悬殊对比。广场三座喷泉雕塑，北面的黑人喷泉（大概因为中部大雕像的脸黑而得名）正在整修，被苫布围起，透过缝隙看到里面池水枯干，工具石块遍地，形如雕塑工厂。有灰鸽在揪着大鱼长须的小孩身上漫步。中间的是黑人喷泉建造者贝尔尼尼1651年所建的“伊索神话”雕塑喷泉，四座雕像象征多瑙河、恒河、尼罗河与拉普拉塔河，并且被处理成方尖碑的基座，方尖碑顶有一只代表圣灵的鸽子；而南边是德拉波尔塔1574年建造的海神喷泉，在阳光下流水潺潺，灰鸽们逗留在海神们的头顶上，构

a　纳沃娜广场有宽大的所在，正午亮得发白的阳光，使逆光的周围楼房教堂呈现一种高高的灰黑色，平面里隐藏了虚无的沉重。广场边的圣伊涅斯教堂正面也在阴影里，而南边的海神喷泉在阳光下流水潺潺，灰鸽们逗留在海神们的头顶上，构成一幅幽默的图画。

b　帕尼尼所画的纳沃娜广场绘画局部，原画以圣伊涅斯教堂为中心，描绘了广场上宏大的节日般的热闹场景。

b

a

成一幅幽默的图画。

广场边巴洛克风格的圣伊涅斯蒙难教堂由卡罗拉·伊纳尔迪与弗朗西斯科·博罗米尼设计。公元4世纪罗马皇帝戴克里先迫害基督徒，13岁的圣伊涅斯因承认信仰基督教而在此被迫害致死，1652年在其殉难处建起了这座教堂。此时正面在阴影里，灰暗的正面如同压顶的黑云，使人心情压抑，但是走进教堂，发现与众不同的是整个教堂色彩的单纯：大理石雕像的白与墙面的灰色，素朴而不简陋。七座祭台都装饰有浮雕和人像，少有画像，多是有场面的大理石浮雕，前景人物几成圆雕，远景人物成浅浮雕消失于石面，层层推进，形成强烈的空间感和立体感。雕塑人物衣纹流动，动势强烈，洋溢着巴洛克艺术特有的欢快。意大利巴洛克风格雕塑家费拉塔于1664年完成的《圣伊涅斯之死》，表现了圣伊涅斯火刑殉教的情景，圣伊涅斯脚踩火焰，衣袍流荡，展开双臂，似乎在风中向上天发问或者祷告。任何独特的东西，总容易引起我的注意。应该说，伊涅斯教堂的雕塑，不再是憋屈地待在壁龛里的雕塑，受到壁龛本身的局限，而是雕塑更加主动、更为活泼地与墙壁配合。也许，雕塑变成了主角，空间的营造似乎是为了更好地欣赏雕塑。费拉塔于1660年创作的《圣艾默恩齐娜》则表现了因哀悼伊涅斯而被暴徒用石块砸死的奶妈女儿艾默恩齐娜，她死后被封圣女。罗西制作的浮雕《圣亚勒克西之死》，拉齐的《圣塞西利亚之死》，麦觉瑞卡法的《圣尤斯塔斯的殉难》，皮埃尔·保罗场的《英勇就义的塞巴斯蒂安》，让我印象深刻。

伫立在教堂的中殿——中殿往往是最好的观测点，从中间的过道，你可以一直看到祭坛上的雕像，因为这正好在一条中轴线上。当你要更好地看到整体的时候，你可以退到中殿的最后面，将偌大空间一收眼底。教堂的圆拱天顶画《天国的荣光》是费里与科尔·贝里尼于1689年共同完成的。教堂也有拱顶大型壁画《圣女伊涅斯入天堂荣耀》，乔凡尼·巴蒂斯塔·高里创作。主祭坛有多梅尼克·圭迪创作的浮雕《神圣的家庭》。教堂大门内侧上面有巨大的管风琴，下面则是英诺森十世的雕像，两边立柱上是四个以掌贴胸的天使。侧廊有木制的忏悔室，一个白发的神父坐在里面，阅读着一本厚厚的书，头顶的一盏射灯照耀着他的全身，他的表情安详而宁静，似乎在等待跪在外面的忏悔者通过一个小窗口倾诉心声。这似乎很像一个心理咨询的医生，倾听病人诉说自己的病痛，然后进行分析判断，对症下药。这样去想教堂的作用，似乎也有一点隐隐的体会。实际上，内心的觉悟和洞明可能才是回归心灵平静的根本路径。

a　圣伊涅斯教堂少有画像，而多是有场面的大理石浮雕，前景人物几成圆雕，远景人物成浅浮雕消失于石面，层层推进，形成强烈的空间感和立体感。雕塑人物衣纹流动，动势强烈，洋溢着巴洛克艺术所特有的欢快。

b　圣伊涅斯教堂一尊圣伊涅斯雕像，仿佛脚踩火焰，衣袍流荡，展开双臂，似乎在风中向上天发问或者祷告，是谁的作品？任何独特的东西，总容易引起我的注意。

b

23.

圣母大殿

Basilica di S. Maria Maggiore

最大的富丽堂皇的圣母教堂

圣母大殿历史悠久，18世纪经历了一次大修，灰白色的正立面由佛罗伦萨著名的巴洛克建筑师费迪南多·富卡（1699—1782）设计，称得上雄伟富丽。五道进口，六个有装饰圆柱的间隔方柱，二层有三大拱门，顶上屹立着圣母怀抱圣子的雕像，旁边各有两圣徒像，衣裾飞扬，仿佛被风吹拂而起。土红色的罗马尼克式方柱钟塔从右后鹤立而起，钟塔顶上是四棱尖锥顶。圣母大殿的顶上是球形建筑，球形上是十字架。这里的钟楼据说是罗马最高的一座（75米），而圣母大殿也是天主教的四座特级宗座圣殿之一，同时是圣母教堂中最大的一座。

18世纪的画家帕尼尼

a

曾经描绘过教堂广场的风景，对比着看，200多年过去了，教堂外观于今几乎没有什么变化，真是让人难以想象。从正门进去，又是一惊，里面虽然黑暗，但是顶上方形金龛精雕细刻，成四方连续图案密布全顶，看上去一派辉煌闪耀。色彩以金为主色，更显单纯与庄重，也隐隐有显赫的富贵气，到底不是小家碧玉，据说这鎏金天花板是15世纪朱利亚诺·桑卡罗用从美洲运来的第一批黄金镀造的。周围墙壁及两排石柱用五色大理石拼建，云水纹、冷暖色搭配协调，身在其中，不由你不肃然起敬。对于罗马教堂设计师而言，建筑物是一个可以堆满装饰物的空场所。吊灯、镶着珠宝的十字架和圣器，圣物箱和镶银缀金的家具，雕塑着色、墙梁纹饰，无一不在堆砌这富丽堂皇的光彩，

a 画家帕尼尼曾经描绘过教堂广场的风景，对比着看，两百多年过去了，教堂外观于今几乎没有变化。

b 圣母大殿灰白色的正立面由富卡设计，称得上雄伟富丽。土红色的罗马尼克式方柱钟塔据说是罗马最高的一座（75米）。而圣母大殿也是天主教的四座特级宗座圣殿之一，同时是圣母教堂中最大的一座。

a

历代又在不断增加修饰，尤其是主教的教堂。教堂看得多了，就会觉得宗教也是一种全方位的文化体系，包含了建筑艺术、装饰艺术、室内设计、绘画雕刻艺术、材料学、宗教史等，需要加以系统的研究。比如马赛克，圣母大殿的绘画以精美的马赛克镶嵌画为主，尤以雅各布·托里尼的《圣母荣耀凯旋》(1295)最为珍贵，显示了耶稣给圣母加冕的画面。由于马赛克精致图案的密布，整个教堂呈现出一种细密画的风格。也有耶稣诞生，三博士来访的画面，画下面有1762年教皇本笃十四世的标志。

在正祭台前有地下室，是信仰的宣示圣所，由威斯比纳尼1874年用罕见大理石装饰。祭台的铁栏杆后存放着圣婴卧过的五块马槽碎木片，收藏在银匣内，据说是3世纪去耶路撒冷朝拜的信徒们带来的。祭台对面跪着祈祷的白色大理石像据说是教宗庇佑九世，写实的手法精湛，因此雕像的表情颇显虔诚，栩栩如生。两壁小雕像亦十分精彩。意大利中世纪的教堂，祭坛下一般都会是用于埋葬殉道者、圣徒或信徒的墓室，这样开敞的两层是第一次见。走上地面，侧堂有红衣主教正主持弥撒，众信徒手画十字，表情令人感动。在两边的忏悔室上贴着与神父交谈的可用语言，有的竟有五六种，显示了神父的语言能力。有人正跪在一侧忏悔，正面的木窗打开，白衣神父正歪头以手支颔，细心聆听，俨然一幅生动的图画！看到这样的画面，也会感到

b

自己的罪孽消掉了一半。

凯旋拱门下四根宝贵斑岩石柱支撑的大华盖也是富卡设计的，华盖下的正祭台，摆放着一口存放过圣玛窦教徒遗体的石棺。教堂供奉烛台的设计也是独特的，投币入口，供桌上就会有新的如烛电灯亮起，代替了蜡烛，倒也简便。但是，过程是不是更为重要？没有了点燃敬上的过程，虔诚也打了折扣。何况烛光摇摇曳曳，恍恍惚惚，自有一种无可替代的朦胧气氛，适用于神秘的教堂。正门门口处有教堂重要资助人西班牙国王费利佩四世的雕像，也说明着世俗权力与宗教的某种关系。走出教堂的灰暗，来到蓝天下的喷泉广场，看群鸽自由起落，心情渐渐地舒畅明朗起来。

c

a　从正门进去，又是一惊，里面虽然黑暗，但是顶上方形金龛精雕细刻，成四方连续图案密布全顶，看上去一派辉煌闪耀。

b　圣母大殿精美的马赛克镶嵌画，犹以雅各布·托里尼的《圣母荣耀凯旋》最为珍贵。

c　凯旋拱门下四根宝贵斑岩石柱支撑的大华盖也是富卡设计的，华盖下的正祭台，摆放着一口存放过圣玛窦教徒遗体的石棺。

24.

拉特朗圣诺望大教堂

Basilica di San Giovanni in Laterano

在特级宗座圣殿中第一古老

a 耶稣、施洗约翰及圣约翰等雕像巍峨矗立在仿佛山巅的拉特朗圣诺望大教堂顶，手执十字架的耶稣站在山尖，直伸右臂，俯瞰人间的芸芸众生，召唤着他的充满原罪感却又犯着新罪的子民。

从梅鲁拉纳街（Merulana）一直下去，就是拉特朗圣诺望大教堂。大约半小时的路，竟然不断看到小教堂，这样的教堂在罗马难以计数，大多外表相似简朴，内部装饰工细奢华，精美绝伦，说明教堂绝对是罗马文化的重要组成部分，值得观赏与研究。一路上行人稀少，眼看着身着黑衣灰衣的修女飘然而过，大概只有牧师、修女没有度假。街尽头是拉特朗圣诺望广场，首先看到的是拉特朗方尖碑，据

a

b

说这样的红色花岗岩方尖碑在罗马有13座，这座是最高的，有31米，上面刻着古埃及的象形文字。

这碑原是埃及法老王托特美斯三世与儿子托特美斯四世在公元前1449年所造，357年掠于罗马，后被酷爱方尖碑的教宗西斯托五世移至此（1587）。圣母大殿广场上的无字方尖碑，也是这位教宗在此一年后所立。广场上方尖碑昂然耸立，拥有最高的年岁，但是不声不响，细看两千年罗马的潮起潮落、人来人往。

拉特朗圣诺望大教堂是天主教罗马教区的主教座堂，罗马教区的主教由教皇兼任，因此，每位新任教皇在梵蒂冈就职后，都要来此大殿进行成为罗马教区主教的就职典礼。教堂亦是罗马四座特级宗座圣殿中最古老、排名第一的一座，享有全世界天主教会母堂的称号。从教堂右门进入，正好是教堂的祭坛，祭坛的穹顶是重要的装饰处，通常总会有描写圣母或基督的壁画或者镶嵌画。因为天顶镶嵌马赛克可以很好地反射光线，创造一种辉煌的闪光效果。此处，半圆形墙的救世主镶嵌画金碧辉煌。大殿的方格形拱顶亦是一片金辉闪耀。作为主教的教堂，似乎理应如此。大殿尽头穹顶之下便是教皇就职罗马主教时的宝座。镶嵌画历经整修，精美恢宏，保存完善。耶稣的头像浮现在顶上的云海里，小天使环绕飞翔。大殿揭礼时，正是天主教经历迫害之后，被宣告为罗马帝国的国教时。微笑的救世主该是以何等的降福姿态感动着君士坦丁大帝之下的庶民呢？

向前望去，华丽高大的祭台吸引了我——四根石柱支撑的华盖，犹如哥特教堂高耸，与大殿弧形圆拱形成一升一降的对比，祭台饰

c

b　拉特朗圣诺望大教堂正面是巴洛克与新古典的综合风格，与圣母大殿的秀丽比，圣诺望更有雄性的壮观。教堂一色的灰白，却渲染着五彩的历史沧桑——它是罗马的主教座堂。

c　雷卡多·安尼伯蒂墓上的雕刻，阿诺夫·迪·冈比奥作。人物的关系和神情看上去分外地亲切。

a

以透雕和宗教绘画，富丽繁华，是教宗乌尔巴诺五世所建(1367)，但挡住了后堂的镶嵌画，在其他教堂中少见。教堂内有精致的大理石装饰和大理石雕像。

与圣母大殿一样，主祭坛前也有地下堂，在栏杆边往下看，可见石棺内躺着的黑色雕像。前部的耶稣雕像似无可奈何地摊开双手，现出一副悲天悯怀的表情。大殿留有圣彼得和圣保罗的部分头骨。整个教堂比圣母大殿采光要好，顶上金饰图案更富变化，金红两色，类似中国的回形纹。彩色大理石和马赛克拼接铺就大殿地面，十分华丽。但大殿的波洛米尼石柱（五个中殿均是波洛米尼于1650年所造）朴素无华，石柱间巨大的十二门徒雕像是著名的贝尔尼尼的徒弟所雕，名师高徒，也还算不错。管风琴下的浮雕表现出各种乐器和演奏者。但更为注目的是右中侧堂像龛里的耶稣下十字架群雕，被顶上隐藏的射灯照成青黄色，闪耀在浓浓的黑暗里，明亮而又神秘，有一种动人的戏剧性效果。这种对光的有效设计和利用，在右前的侧堂也表现出来：墙上挂着圣母降临壁画，天窗光线正好照在翩然而下的圣母身上，形成椭圆的光团，仿佛舞台的追光，底下的凡世凡人则笼罩在阴影里。转过头，一群修士正在盛装进入旁边的礼拜堂开会，接近黄昏，游客稀少，森凉的感觉慢慢从深黯的空气中渗透出来，是离去的时候了。

a　教堂内有耶稣12门徒的巨大雕像，由波洛米尼设计。

b　四根石柱支撑的华盖，犹如哥特教堂高耸，与大殿弧形圆拱形成一升一降的对比，祭台饰以透雕和宗教绘画，富丽繁华。

b

从正门出得教堂，立即被它的正面所感染。大殿高大的门廊，门廊尽头有君士坦丁大帝的雕像。拉特朗圣诺望大教堂是公元4世纪由君士坦丁大帝下令建造的，教堂主要入门口的青铜门当年取自元老院，但是正面则由亚历山德罗·加里莱伊建于1732年，是巴洛克与新古典的综合风格。与圣母大殿的秀丽比，拉特朗圣诺望大教堂更有

a

a　教堂穹顶半圆形墙的救世主镶嵌画金碧辉煌，作为主教的教堂，似乎理应如此。镶嵌画历经整修，保存完善。耶稣的头像浮现在顶上的云海里，小天使环绕飞翔。

b　著名的二十八级圣阶——耶稣受审时走过的一段石阶。由大殿兴造者君士坦丁大帝的母亲海伦娜皇后带回罗马。现在世界上唯一必须跪着爬上的台阶是否就是它了？

雄性的壮观。好在它有难得的宽阔广场，可以退远来看。碧蓝的天空漂浮着边缘透明的灰云，有耶稣、施洗约翰及《福音书》作者圣约翰等15座雕像，每座高7公尺，在蓝天灰云的映衬下，巍峨矗立在仿佛山巅的教堂顶，手执十字架的耶稣站在山尖，直伸右臂，俯瞰人间的芸芸众生，召唤着他的充满原罪感却又犯着新罪的子民。

教堂一色的灰白，却渲染着五彩的历史沧桑，除了圣彼得大教堂之外，这座大教堂是世界上最重要的罗马天主教教堂了，在教堂的正面写着：罗马城及全世界教堂之母。它是建成后几个世纪教宗的住地，公元774年查理曼在此领洗，1309年教廷被迫迁到阿维尼翁，1377年回到罗马，就迁移到了圣彼得教堂。19世纪，教皇在它的祭坛上加冕，1929年，墨索里尼在此和教皇签订了《拉特朗条约》，使罗马教廷和意大利政府关系正常化。

拉特朗圣诺望大教堂的一侧还有著名的二十八级圣阶——是耶

稣在被钉十字架前受审时走过的一段大理石阶梯，由大殿兴造者君士坦丁大帝的母亲海伦娜皇后带回罗马。上这圣阶梯只能用双膝跪拜着上去，300年来它一直被核桃木板覆盖着，经修护终于在2019年4月11日，由照管此处的苦难修会会长桂尔拉神父主持开幕大典，而在罗马教区代理主教的祝圣下，由各国记者及贵宾见证，重新以原大理石面貌展现在众人眼前。祝圣当天，在场人都亲眼看到，坚硬的大理石台阶因长年跪拜明显凹陷，在阶梯的第二、第十一和第二十八层，有钉有十字架铁片和铜片的标志记号，据说是当时耶稣基督滴下宝血处。大理石原貌只展示两个月，等木板修复后，将会再度重新铺上。圣阶的顶端是“至圣小堂”(Sancta Sanctorum)，曾是历代教宗的私人小堂，一般人更是难有机缘看到。而教堂后面的砖筑八角洗礼堂则要比大殿更有历史。

b

25.

圣彼得铁链教堂

San Pietro in Vincoli

全因为摩西雕像而光彩辉煌

米开朗琪罗的摩西雕像在圣彼得铁链教堂。从加沃尔(Cavour)大街的圣方济各·德帕奥拉阶梯上去，穿过博尔贾府下的拱门通道就是圣彼得铁链广场。广场边的角落里就是圣彼得铁链教堂，教堂的门面如同普通建筑毫不显眼，跟着一群游客走进门里，才觉得别有洞天。

圣彼得铁链教堂的最大特点是它的朴素无华，与其他教堂形成鲜明对比，20根灰色大理石圆柱分界着中殿和两边侧廊，没有多余的装饰与色彩，光滑平整的大理石覆盖着地面一直向四周延伸而去，只有洁白天花板上装饰着帕罗迪的壁画《锁链的神迹》(1706)，绘声绘色地呼唤出人类自身对自由的渴望。祭坛穹顶亦有雅克布·科皮绘制的天顶画《最后的审判》，衬托出大殿的灰白。

16世纪初，教宗朱利奥二世希望给自己修建一座世界上绝无仅有的陵墓，招请米开朗琪罗设计。米开朗琪罗勾画了一幅宏伟的蓝图，欲为陵墓雕刻四十多个纪念雕像。为了挑选大理石，米开朗琪罗在卡拉拉城停留了八个月，返回后教宗却改变了主意，希望建教堂来

a

代替陵墓。陵墓的施工几起几落，1513年朱利奥二世死后，保罗三世就任新教皇，朱利奥的侄子乌尔比诺公爵完成了教堂的修建。米开朗琪罗最终只完成了七尊雕像，之后便去绘制西斯廷小教堂的《最后的审判》。其为教堂所做的《垂死的奴隶》藏于卢浮宫与佛罗伦萨学院博物馆。在这所教堂中，就只有米氏最著名的这尊千古不朽的《摩西》。我在大学时，摩西和大卫头像是素描课的标准作业，一年级画大卫，三年级画摩西，光是摩西，我前后就画了两张。

现在，摩西原作就默默地藏在教堂前右边的侧堂里，需要在投币装置里喂上硬币，灯才会亮上几分钟。投币之后灯亮的一刹那，摩西像活的一样披着暖黄的光在黑暗中出现，这真是一个充满智慧灵性的光辉形象！长着角的头威严地竖立着，奕奕有神的目光，转首凝视，胡须如浪花般直垂下来，牙关紧咬，心态复杂，睿智聪慧流露在神情间，庄重尊严传达在动态里，曲着的右腿，宛如要举足站起的模样。可以看到手部血管凸显的细节，可以看到手臂肌腱纹理的延伸，巨大的双膝似乎与身体其他各部位不相协调，是从埃及到巴勒斯坦四处奔波的膝与腿，占据全身面积的四分之一。摩西大体的动作是非常简单的：这是意大利文艺复兴盛时佛罗伦萨派艺术的特色，亦是罗马雕刻的作风，即明白与简洁。但是，这有些泛黄的白色大理石里仿佛流淌着血液，让石头成为骨肉，充满了生命，好像活了起来。和自己所画

a　摩西像活的一样披着暖黄的光在黑暗中出现，这真是一个充满智慧灵性的光辉形象！头威严地竖立着，奕奕有神的目光，转首凝视，胡须如浪花般直垂下来，牙关紧咬，睿智聪慧流露在神情间，庄重尊严传达在动态里。

a

的摩西石膏像一比较，就知道石膏像的形体如此模糊，难以入目。远远看去它仍然如此壮丽和高贵，让人惊叹和敬畏。几分钟后灯灭了，摩西又消失在浓浓的黑暗里，让观者无限的回味。

摩西是公元前13世纪的犹太人先知，是先知中最伟大的一个。他是犹太人中最高的领袖，是战士、政治家、诗人、道德家、史学家、希伯来人的立法者。摩西曾亲自和上帝交谈，受他的启示，摩西也是《圣经》旧约前五本的执笔者，在《旧约》里记载了他亲自接受上帝的启示，带领在埃及过着奴隶生活的希伯来人，从埃及迁徙到巴勒斯坦，解脱他们的奴隶生活。他经过红海的时候，海水分开露出一条通道，摩西引领人们渡海如履平地；他途遇高山，高山让出一条大路，最后到达神所预备的流着奶和蜜之地——迦南（巴勒斯坦的古地名，在今天约旦河与死海的西岸一带）。神借着摩西写下《十诫》给他的子民遵守，教导他的子民敬拜他。公元500年的时候，摩西的声名随着基督教传播到欧洲，而后来穆罕默德也承认了摩西是真正的先知。

今天，摩西成为包括犹太教、基督教和穆斯林教徒共同拥戴的圣人。因为伊斯兰教和基督教这两个世界上最大的宗教，都来源于摩西奠基的犹太唯一神论。《圣经》上的记载和种种传说，都把摩西当作人类中最受神恩宠的先知，他在80岁的高龄时开始带领希伯来人在沙漠中跋涉40年。但是，米开朗琪罗选择表现了壮年时期的摩西。因为青年代表尚未成熟的年龄，老年是衰颓的时期，只有壮年才能为整个民族的领袖，为上帝的意志作宣导使。

罗马的教堂基本都是开放的，并不收费，投币器更是第一次见，但是对于米开朗琪罗的杰出雕塑《摩西》而言，花几个硬币观看颇为值得。我一向对人没有信心，与自然相比，处处看到人类的渺小。现在看摩西，给我提供了改变想法的依据，雕塑《摩西》体现出一种人类成熟的睿智，并由此更增加了对米开朗琪罗的崇敬。我相信米开朗琪罗

a 教堂里面的辛乔·阿多布兰迪尼墓上的雕刻。死神浮雕令人感到生命的无常。

b 教堂的祭台前还供奉着据说是捆绑彼得的铁链。帝国贵妇艾乌多西亚的母亲从耶路撒冷给她送来黑洛德王捆绑圣彼得的铁链，铁链现在供奉在带玻璃的铜柜里，在灯光的照耀下闪着乌黝黝的凝重的光。

有一种不同常人的智慧。以前曾有疑问：米氏为什么要在一个天主教教皇的纪念墓地塑造犹太人的领袖呢？转而想起摩西带领希伯来人出埃及的故事，了解了摩西的身世和宗教的渊源，再了解米开朗琪罗的人文情怀，又觉得是再适合不过。据说米开朗琪罗曾经拿着锤棒敲着摩西雕像的膝盖要他开口说话。其实，摩西像在朱利奥二世陵墓下方中心，在摩西雕像左右还有米开朗琪罗设计的女性雕像。面对的左边代表“沉思的人生”的雷切尔扭曲的身体，仰望天空，寻求永恒的救赎；右边代表“积极生活”的利亚被塑造成一个罗马护士长。石棺被放置在摩西上方第二层，石棺上是躺卧着的朱利奥二世雕像，左边是圣女玛加利大，右边是神学家圣奥古斯丁。这些雕像则是由雕塑家拉斐尔·达·蒙特卢波完成。顶部中心的圣母与圣子则是多米尼克·凡切利雕刻的。都在黑暗中隐去了，只有摩西笼罩在短暂的光照中。

教堂的祭台前供奉着据说是捆绑彼得的铁链。作为镣铐的铁链则在不灭的光照中。圣彼得千辛万苦，九死一生，为传播福音献出了生命。帝国贵妇艾乌多西亚的母亲从耶路撒冷给她送来黑洛德王捆绑圣彼得的铁链，铁链现在供奉在带玻璃的铜柜里，在灯光的照耀下闪着乌黝黝的凝重的光。无论它是否是真实的东西，都确实可以帮助观看者反思《圣经》叙述的历史性。这是一个外表低调谦逊的教堂，却因为宝藏了《摩西》和铁链而光彩辉煌，并因此有了格外的精神意义。

b

26.

人民圣玛利亚教堂

S. Maria del Popolo

面对着圣山与奇迹两个教堂

宽阔的人民广场中央，约24米高的方尖碑上刻满公元前1300多年前的象形文字，是奥古斯都从埃及作为战利品运来的，被教宗西斯托竖立在此（1589）。碑下四头雄狮口喷水帘，以手接水，冰凉入骨。街口两个对称圆顶教堂，一为圣山圣玛利亚（S. Maria in Montesanto），一为奇迹圣玛利亚（S.Maria dei Miracoli）。圣山不开，奇迹可观。里面空间不大，一些彩色的圣母小雕像和花花绿绿的装饰使教堂有了活泼的俗世感，与圣山堂大不同。值得一提的是，该教堂挂着数幅现代油画，画着基督受难，有幅竟是从十字架背面表现！基督略见侧脸，背景山野荒凉，笔调粗率，构图独特，这样的角度描写我从未在其他教堂见过。现在，这些现代绘画被教堂制作成明信片摆在门口出售。中世纪艺术中不朽的主题之一就是耶稣受难的极刑，这种极刑通过雕塑和绘画的形式表现出来，形式的写实主义和心理的写实主义结合，只是为了表现现世的苦难，十字架上的基督也是非常瘦弱、极度痛苦的样子。这样的场景经常在博物馆中世纪的藏画里看到，在一些古老的教堂里也是常见。但是现代的绘画，表现主义的语言，减

a

b

弱了写实的成分，也就减弱了中世纪自然主义的身体痛苦，而代之语言性、情绪性的呈现。例如高更就曾画过《黄色的基督》（1889），有平面夸张的形体和色彩表达，几乎完全没有痛苦的表现；鲁奥也画过类似的题材《基督受难》（1943），从玻璃镶嵌画里汲取表现的形式，强烈浓重的色彩，粗黑突出的轮廓，表达出一种沉重的道德情绪。德国表现主义画家诺尔德也画过《最后的晚餐》（1909），只是去掉了轮廓线而已，色彩比鲁奥丰富，人物表情夸张，依然有强烈的情绪表达。教堂里这些现代的油画，也具有这些绘画同样的性质，赋予个人性、表现性，能够被教堂认可，是教堂的开明。我记得美国现代雕塑家曼纽尔·内里也曾作过很有表现力的宗教雕塑。雕塑家曾经搬到了贝尼西亚的教堂，通过教堂里的工作，重新发现了宗教。马里奥·钱皮在斯坦福建了一座小礼拜堂，修女们让雕塑家做一座耶稣受难像和一座圣母玛利亚像，但是当雕塑家把基督像放在祭坛上时，修女们

a　宽阔的人民广场中央，约24米高的方尖碑上刻满公元前1300多年前的象形文字，是奥古斯都从埃及作为战利品运来的，被教宗西斯托树立在此（1589）。碑下四头雄狮口喷水帘，以手接水，冰凉入骨。街口两个对称圆顶教堂，一为圣山圣玛利亚，一为奇迹圣玛利亚。

b　鲁奥《神圣的面孔》1933。

a

b

吓坏了，雕塑家只好把基督像取下来，修女们只保留了圣母玛利亚像。雕像过度的个人理解和表现，超出了教堂所能接受的程度，虽然它可能是艺术的。而美国摄影师安德里斯·塞拉诺的《尿浸耶稣》(1987)，克里斯·奥菲利用大象粪便拼成的《圣母玛利亚》(1996)，引起的则是教会与信徒的愤怒和指责。

教堂内真蜡烛、烛状灯都有，既可投币按钮使灯亮，简洁得干脆利落，也可取烛亲自点燃，从容体验过程的虔诚与美丽。有道是“假作真来真亦假”，旁边小堂内供奉的细长白烛火苗儿不动不闪，初以为假，后看其长短不一，才知为真，只缘空间封闭，无风流动，烛火才如凝固般纹丝不动。

从教堂出来，去往广场对面的人民圣玛利亚教堂。从边门进入，细窄的边道杳无人迹，心里怀疑自己走错了道，隐约有布道声从前传来，快到头时有扇边门开着，正对着祭台。神父站在弥撒台前，给排着队领取圣饼的信徒摩顶。虔诚的人们排队走上前来，双手接过一片代表耶稣身体的小小薄饼，放入口中。有的信徒张开了嘴，让神父直接把圣体放入嘴里，这时的气氛是凝重的。吃过代表基督血肉的圣饼，凡人会从沉重的罪孽感中得到解脱吗？身穿蓝袍的合唱团员站在弥撒台的后方，唱着动听的圣歌，主管教士一边拿着点着的“香钵”从过道走过，一边将香钵甩动，让从中冒出的淡白色香烟弥漫整个教堂。

没有经过洗礼的人是不能领受圣饼的。悄悄地坐在后面的椅子上，对任何宗教倡善抑恶的一面，我都心怀崇敬。堂里有文艺复兴三杰之一拉斐尔设计的“齐吉小堂”。在这样的氛围中，人容易坠入思考人生的情绪中。我不由地想起一个人，曾经问我关于人生的一个问题，让我诚惶诚恐。因为对于人生，我其实也不能够全然懂得。谁能够透解人生？走过来回头看，才能够看清楚自己的人生路，到那时也许就已经晚了。所以我只好拿“性格即命运”“知道自己所要的”来搪塞。其实，生活中大多数人的命运是平凡的，虽然这平凡里亦有苦痛和欢乐，但终究是老老实实地守着岁月，不敢“胡作非为”和“大胆妄为”，只有从传统文化里找一点信念。这信念也许是比较简单，不宜生出多余与奢侈的愿望。我们可以把这个称之为美德：忍耐、诚实与敦厚，寻求中庸与稳妥。

我知道人内心里还是有激情，渴望从麻木里发出光来，给生命注入一点亮色。乔伊斯的《都柏林人》里写到一对老年夫妻，从老友聚会的晚会回来，互诉了衷肠，妻子坦陈她年轻时的一个早逝的恋人，使丈夫感到暮年的枯乏、苍凉和畏惧。这的确是令人畏惧的，到生命最终关头却感到了激情的匮乏，还不如不知道这个秘密，因为没有足够的精力可以重过，没有足够的时间挽回遗憾。这好像又是一个“生活在他处”的故事，但是却具有令人哀伤到极点的力量：“顶好是正当某种热情的全省时刻勇敢地

a　拉斐尔设计的“齐吉小堂”中贝尔尼尼的雕塑《圣德烈萨的祭坛》(1645)。

b　人民圣玛利亚教堂始建于1099年，经过多次扩建重建，教堂的正门面和内部都曾经由贝尔尼尼改修。

c　人民圣玛利亚的切拉西小堂。里面有巴洛克艺术奠基人卡拉瓦乔的油画《钉死于十字架的圣彼得》。

c

走到那个世界去，而不要随着年华凋残，凄凉地枯萎消亡。”我常常用以后的眼光看现在，这也许会决定我现在的行为。那么这就是根据结果决定行为的思维方式了，如果是这样，直觉的作用又哪里去了呢?

昨天在街上看见一个年轻修女，穿着黑色衣袍，蒙着黑色头巾，从闹市走到车站前，四处张望着，好像是等待着什么人，来来回回地在街边行走，脸上是焦急的神色。这种神情我很少在修女的脸上见到，因为看到的永远是隐忍、平静、安详的表情。天上的阳光是灿烂的，照在修女的身上更好像消失了一般，没有任何阴影。黑色是显眼的，仿佛是热天里的一股冷风。这也是一种人生吧，既不是你想象的那样简单，也不是你想象的那么复杂，但是每一个人都是一本有故事的书，读明白了其他人的，未必读得懂自己这本书。这样想着，觉得教堂里的歌声正在响起，像一群受惊的鸽子，扑哧哧飞上穹顶，顺着彩色玻璃窗的光线飞出去……

27.

万神庙

Pantheon

比例是建筑各部分的一致性

万神庙——这座古罗马建筑里最神秘而又保护最完整的庙宇，是至今善存的唯一一座罗马帝国时期建筑，最早供奉奥林匹亚山上诸神，是罗马帝国首任皇帝屋大维的女婿阿葛利巴所建，始建于公元前27—25年。公元80年火灾后，由阿德良皇帝于公元118年至125年重建。公元609年，拜占庭皇帝将万神庙献给罗马教皇卜尼法斯四世，后者将之更名为圣母与诸殉道者教堂，使其得以存留至今，现在是全意大利的国立教堂。

在万神庙前有一个相对方正的广场，这一带是旧市区，建筑群是拥挤的，因此，广场既不算大，也不能算小，中心喷泉里也有一个纪念方尖碑，广场上有街头艺人在表演，期间充满了世俗的生活气息，与万神庙形成了对比和谐的存在。万神庙正面灰华石那岁月沧桑的黑灰色，显示着它那久远的历史气息，与其他教堂相比，苍老而沉重，似乎要慢慢沉于地下。前廊两排16根花岗岩柱托起正面锐利的三角墙，而后面高达43米的宏大穹顶从外观难以体会，只能看到圆顶的投影印在左边街道的楼房上，但是正立面是足以很好地整体欣赏了，

b

a

a　万神庙——这座古罗马建筑里最神秘而又保护最完善的庙宇，现在是全意大利的国立教堂。

b　具有建造穹隆能力的罗马人认为最完美的结合形式——半球体的穹隆是天堂的象征。进入圆形的庙内，立即被它整体的庄严肃穆和莫名的虚无空寂所征服。

c　万神庙中的天使雕像。

有些像希腊巴特农神庙的正面，比例适当，显然，罗马人保持着把古典柱式和希腊原则的匀称比例结合进自己的建筑的做法。奥古斯都统治时期的一位建筑师维特鲁威在《建筑》第三卷里写道："一座神殿的设计依赖于匀称，这是建筑师必须最仔细观察和注意的原则。它归功于比例……比例是整个建筑各部分的一致性，并且被选作从整体到某一部分的标准。从这一点产生出匀称的原则，没有匀称的原则，没有匀称和比例就没有任何设计神殿的原则，就好比一个体形完美的人同样地不可能没有各部分之间的精确关系。"

具有建造穹隆能力的罗马人能够建造圆形的神殿。他们认为最完美的结合形式——半球体的穹隆是天堂的象征。这种最早的室内空间跨度最大的建筑，显示出罗马人卓越的工程技术。从长方形前廊进入圆形的庙内，立即被它整体的庄严肃穆和莫名的虚无空寂所征服。黑暗里一时看不清周围，高高的灰暗圆顶像悠远的苍穹，直径9米的圆形天窗豁然洞开，空气与阳光倾泻下来，形成恍恍惚惚的光柱，细小的尘埃在光柱里霏霏泱泱地飘荡，蓦然觉得自己就是其中的一粒。

c

光柱正好照在墙壁上的拱门像龛上，印下了明亮炫目的椭圆光团，像龛内的油画上小天使展臂飞翔在光团里。拱门的阴影固定在画面上空，浓暗如墨，神秘莫测，对比出明亮的美丽，一如天使的快乐。庙里的游客影子重重叠叠，剪贴在光团的下沿，黑白分明，却也神秘恍惚，一时如在梦中。良久，眼睛习惯了黑暗，目光可以连续不断地看到圆柱后面雕刻在墙里的壁龛，然后移到向前突出的恺撒、战神等英雄和诸神雕像。

小堂里埋葬着一些艺术家和意大利王室。政教合一的时期，为宗教服务的艺术家总是有崇高的地位，万神庙给好几位艺术家如此重要的埋葬墓地，比如左侧第一小堂是佩林·德瓦卡——拉斐尔的徒弟之墓，拉斐尔的墓则在第二小堂与第三小堂之间。棺上有两只嬉戏的铜鸽。上方的圣母雕像是拉斐

a 光柱正好照在墙壁上的拱门像龛上，印下了明亮炫目的椭圆光团，像龛内的油画上小天使展臂飞翔在光团里。拱门的阴影固定在画面上空，浓暗如墨，神秘莫测，对比出明亮的美丽，一如天使的快乐。而庙里的游客黑影重重，剪贴在光团下沿，犹如鬼魅。

尔的助手洛伦佐多的手笔。在墓上刻着如下碑文：“此处埋葬的是那一位拉斐尔；当他活着的时候，生怕万物之母——大自然胜过于他，但当他弥留之时，又唯恐自己即将死去。”典雅的建筑有性别之分，这是我在教堂里感受到的，这万神庙是男性的。令我意外，在拉斐尔墓旁边竟是洛伦佐多的未婚妻的墓。面对入口的第七小堂祭台上，有大幅宗教画，初疑为油画，细看是马赛克，能做出如此丰富的色彩，梅洛佐·达·福尔利技巧不凡。

这时再望穹顶，渐次凹进的回纹井龛一圈圈一层层缩小到顶，既减轻了自重，又成为网状方格装饰，在一个宽带之后，出现直径达6米的圆口，穹顶通体斑斑斓斓的灰色，过渡到彩石拼建的装饰墙，再到下面更多彩石的柱廊龛堂。我想，也许圆顶也曾经是彩绘吧。后来才知道，巴洛克时期的教皇乌尔班八世为了建造圣彼得大教堂祭坛上的华盖，拆走了万神庙门廊里的鎏金铜质天花板和大梁包皮，让贝尔尼尼熔制成圣彼得大殿的华盖。这种拆西墙补东墙的事情好像在罗马古建筑里经常发生，也因此破坏了一些更古老的建筑。

万神庙的空间富于变化，并被不同的墙面划分开来。罗马画家帕恩尼尼曾经在1750年描绘过万神庙，精确地再现了万神庙里的情景，此画现在藏于华盛顿国家美术馆。现在的万神庙是朴素的，刚劲而高贵、宏伟而堂皇的中殿，形成一个宏大的纪念性结构。穹隆的中心点高度与地面直径相同，透过圆孔，人们或许会看到神殿所奉献的对象——行星众神，灰色的高度和承重的孤独，笼罩着身在其中的人，自有一种打动人心的力量。

28.

圣彼得大教堂

Basilica di S. Pietro

端看米开朗琪罗与贝尔尼尼

从侧面灰黑色城墙下的城门进入，就是梵蒂冈城国。从侧面进入比从正面的和解大道（Cociliazione）渐渐走进梵蒂冈，或许更会给人蓦然一惊的欣喜，使你迫不及待地想要穿过柱廊，站在辽阔的广场上，体验它的宏伟。圣彼得广场的宏伟壮观，就在于它的整体设计，它的文化性与它的精神性的合一。一个宏大的建筑，如果没有艺术与精神的灵魂，就只是巨大的躯壳而已。始于1506年，历时176年的教堂与广场的建筑工程，从布拉曼特开始，到文艺复兴的大师拉斐尔接手，还有桑卡洛等工程师一位接一位地设计施工，再到至尊米开朗琪罗设计建造著名大殿圆顶，未完身先死，又有后继者马德尔诺接过接力棒，完成教堂正面，直至巴洛克时期的天才雕刻家与建筑师贝尔尼尼完成广场两边展开的椭圆形柱廊。在时间的长河中，众多艺术家和设计师的智慧长久地锻炼与融合，才凝结成如此持久永恒

a

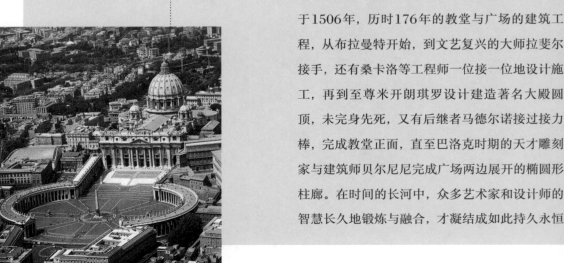

的宏伟与美丽。个人的名利、生命的长短都已经不再成为创造伟大建筑的妨碍性因素。一个强悍的宗教精神性也便由此产生。

圣彼得在这里被尼禄钉死，遗体就安葬于附近，250多年后，君士坦丁大帝在此建造了第一座教堂，1377年，教宗从法国阿维尼翁回到罗马后，便以此地为永远的住地，梵蒂冈由此成为世界天主教的神圣中心。我曾经数次在电视上看到教皇保罗二世（波兰籍）在教堂及圣伯多禄广场主持弥撒，白发如雪，动作颤颤巍巍，但是依然神志清明，面色祥和。广场上，政要首脑、小民百姓云集，甚至其他如东正教的宗教掌门要人莅临，在动听的唱诗里，在喃喃的读经中，从教

a 圣彼得广场的宏伟壮观，就在于它的整体设计，它的文化性与它的精神性的合一。一个宏大的建筑，如果没有艺术与精神的灵魂，就只是巨大的躯壳而已。

b 米开朗琪罗设计建造的大殿圆顶宏伟而不沉重，美丽而不喧哗，传达的是一种欲与天接的精神升腾和沟通。

a

b

a 天主教罗马教皇约翰·保罗二世于2005年4月2日因病在梵蒂冈去世，终年84岁。周丹鲤一个星期后作此肖像。

b 圣彼得大殿的华丽除了用金之外，也把彩色大理石、花岗岩的镶嵌拼接发挥到极致，并且极尽繁华雕饰彩绘之能事，精致得有点——令人生厌。它的漂亮形象里散发着现世的奢侈与富贵气。

c 宝座前四根螺旋形铜柱支撑的青铜华盖是贝尔尼尼的作品，正在圣彼得墓的上方。半圆形栏杆上99盏油灯长明不熄，光照墓地。

堂到广场一片肃穆庄严的景象，在复活节那天更是壮观。而现在，已经是新的教皇接替去世的保罗二世主持仪式了。

在回廊下小坐。四排284根陶立克圆柱和88根方石柱组成的半圆长廊，犹如“拥抱世界的双臂”环绕广场，柱顶上林立140尊雕像，均由巴洛克艺术之父——贝尔尼尼指导弟子们完成。雕像们神态各异，栩栩如生地注视着人们的来去。贝尔尼尼的雕塑多是太过华丽，但回廊的设计大胆豪迈，尽展才华，显示了以往缺少的雄壮意味。广场中央的方尖碑（25.37米）是教宗西斯托五世下令于1586年竖立于此。红色花岗石上没有雕刻埃及象形文字，反倒与环境协调，碑两边各有一座造型考究的喷泉，右侧是玛德尔诺17世纪时修建的，左侧是贝尼尼后期设计修建的复制品。文艺复兴式和巴洛克式建筑风格的大殿正面几乎被维修的铁架护网遮个严实，尽管维修重要，但是也带来形象的损害，并且是如此长久地在脑海里、照片中。好在米开朗琪罗的圆顶白皑皑地巍峨在深蓝的天空里，宏伟而不沉重，美丽而不喧哗，传达的是一种欲与天接的精神升腾和沟通。

在教堂坡下，拦起了通道，几个衣冠楚楚的大汉站在入口检查，将身着背心、短裤、短裙的游客挡在外面。“衣冠不整，不能入内。”许多不知道的游客要失望了。夏季的人流从大门口工作人员形成的夹

c

a

缝中通过，守门人身穿黑色西服，如冬天般肃飒森严，个个像如临大敌的总统保镖，眼光如利剑在人群中挥来砍去，令人未进堂门，已然肃穆。

教堂看得多了，印象重叠，眩晕渐生，进得圣彼得大殿，将这眩晕感推向高潮，似乎以前所有的教堂都不应称为大殿，大殿从此成为此殿的专有名词。圣彼得大教堂是世界上最大的教堂，由文艺复兴时代的建筑名师布拉曼特设计，由拉斐尔和米开朗琪罗主持工程修建。修建这座大教堂用了120年的时间，大殿内部长210米，拱顶高44米，大圆顶内高119米。这两重结构的圆顶便是米开朗琪罗设计的，大殿圆顶内景精密雕绘，创造了辉煌灿烂的天上世界，圆孔如阳，天光从一圈边窗流泉如注地泻进，明丽华美。看顶上的装饰与绘画，一定会大张开嘴，拼命将下巴与脑门拉成水平，维持庄重的形象是不可能的。

教堂主体完工后，贝尔尼尼又花了二十多年时间进行内外装饰，除了用金之外，也把彩色大理石、花岗岩的镶嵌拼接发挥到极致，一方面，巴洛克风格极尽繁华的雕饰彩绘让教堂分外华丽；另一方面，精致漂亮的形象里散发着浓浓的奢侈富贵气。其实，右殿第一小堂的《哀伤圣母像》才是大殿的最动人所在。这是米开朗琪罗25岁时的作品（想到这一点，就会让我觉得难以置信），完美得无与伦比（这个词汇我难得一用，放在这里合适极了）。死去的耶稣无力地横陈在圣母膝上，柔和的光线照在雕像上，因为观众被隔在20米外，难以看清圣母的表情，但是打动人心的是圣母的动态——她微微垂视着失去血色的基督身体，右手臂支撑着捧起基督上身，左手斜斜展开，宛若无奈沉恸的诉说，一种与年龄不相匹配的肃穆与庄严，一种崇高的、深沉的悲伤笼罩着童贞圣母的全身，感动着每一个观众。

a 街头的活人雕塑模仿米开朗琪罗的《哀伤圣母像》，将宗教的神圣图画展现在繁华的商业街上。

b 米开朗琪罗的《哀伤圣母像》完美得无与伦比。死去的耶稣无力地横陈在圣母膝上，圣母微微垂视着失去血色的基督身体，右手臂支撑着捧起基督上身，左手斜斜展开，婉若无奈沉恸的诉说，一种与年龄不相匹配的肃穆与庄严，一种崇高的、深沉的悲伤笼罩着童贞圣母的全身。

随后，在大殿边的珍宝库馆里我又看到了雕像的复制品，几乎是在近1米的距离观看：基督的头上仰着，瘦削的脸上是无限纯真又有着淡淡绝望的表情；右上臂被顶托起来，鲜明地展现了死亡的迹象；右肋的伤痕犹在，但是并不强调；左手微握，拇指与食指欲接。基督想向世人表达什么呢？圣母下垂的眼帘掩去了眸子，蒙眬里流露着惆怅和感伤，似乎有疑问凝固在眉间与嘴角，更有爱和温柔。右手叉开的手指（拇指、食指、中指与无名指并拢），微陷在衬布里，显示着基督失去生命的软弱躯体和圣母的呵护。左手指的依次迭开，向世人展示了生命不能承受的悲恸，千言万语尽在其中，手指语态的悲剧性表达到了极致。在圣母胸前的佩带上刻着作者的姓名，需要记住的是，这是米开朗琪罗唯一签了名的作品，显示了其辉煌的雕刻技巧，在这

a

里，米开朗琪罗通过理想的美体现出基督的善，流露出宽广温润的人文主义倾向。

另一件重要的作品便是贝尔尼尼的圣彼得宝座祭台设计，依然是巴洛克风格的发挥，但是整体上有了一种悦目赏心的效果。四圣师抬起支架上的木质宝座，从黑紫色宝座背后升腾起金黄色的烟云，在两个立柱之间向上繁衍飞扬；天使女神在云顶欢跃，迎接上方荣耀太阳的四射光芒。象征天主圣神的鸽子在最为明亮的龛心展翅飞翔，围绕它形成了一个橘黄色的椭圆。小天使们颉颃在上方，注视着福临人间的圣鸽（象征着上帝），几束金色光芒飞射上下，更增添了运动的感觉。把固体的物质做成流动放射的感觉，以金、黑、橘黄三色协调统一，活泼地传达出荣耀欢乐的主题，是规模宏大的金匠工艺，总体效果是华贵庄严和富丽堂皇的，极具装饰之能事，朴素在这里找不到位置，正好与米开朗琪罗的《哀伤圣母像》形成极端的对比。

宝座前四根螺旋形铜柱支撑的青铜华盖也是贝尔尼尼的作品，正在圣彼得墓的上方。半圆形栏杆上99盏油灯长明不熄，光照墓地。华盖前右的宝座上是著名的圣彼得铜像，他左手拿着钥匙放在胸前，右手伸着两个手指，有什么含义？似乎不像哀伤圣母的手势那么清楚，黑色的雕像两脚由于世世代代朝圣者的亲吻、触摸已经磨损变薄。来自世界各地无论何种肤色、种族的人们排着队鱼贯而过，一亲容泽。四座巨大方柱的壁龛里还有圣徒、圣女的雕像，尽管庞大，反不如一些次要的雕塑耐看。例如，贝尔尼尼的一座跪祷少女像，活泼可爱，在博物馆亦有复制品展示。还有不知作者的纪念墓边的站立祈祷少女像。边厅一座暗门上有一组大理石雕像，底下有一具骷髅托起由紫色大理石雕成的帏布，脚趾骨蹬踏在门边侧墙，头骨掩在垂布

a 安德拉·鲍勒基侧龛里的《海伦娜和耶稣的十字架》。

b 大殿圆顶内景也是米氏所作。精密雕绘创造了辉煌灿烂的上天世界，圆孔如阳，天光从一圈边窗流泉如注地泻进，明丽华美。

b

a

下，不见其面，则更使人心胆栗栗。边厅空旷，有的被拦起，供信徒入内祷告。有的小堂正在举行弥撒，牧师领唱着赞美诗，歌声悠扬动听，低低地回荡在小堂间，让游客驻足。

买票参观博物馆。门口有265位历代教宗姓名、时代碑刻，引众人驻足。里面展出的全是宗教用品，如十字架、圣杯、圣冠、圣座、圣书等，有些历史悠久，有些雕刻精良，圣器上小到寸长的天使圣女都雕得精微生动，令人叹为观止。其中一个等同真人大小的圣婴，可爱无比，简直是人间婴孩的象征，是我所见的最好的圣婴作品。唐纳泰罗雕刻的圣体柜也非常出色，在圣体周围雕刻了从事各种世间工作的半坐女性裸像，个个不同，洋洋大观，令我久久徘徊。相反，圣体衣纹复杂烦琐，不能使人亲近。一些游客目不转睛地凝视着玻璃柜内闪闪发亮的宝石、钻石、金银饰物，沉浸于俗世的审美里不能自拔。部分圣器的装饰过于豪华、奢靡，失去了朴素。

值得一记的是展厅还有现代的银雕、木雕圣像。银像基督瘦骨嶙峋，极度夸张地拉长，木雕大刀阔斧，基督造型简约抽象，但都为教廷所接受，十分难得。从大殿出来，经过最左边的“死亡铜门”——贾科默·曼足完成于1964年的作品，满门瘦骨清像的人物雕刻，不错。教堂门口右边雕像是圣彼得，他左手持两把钥匙，右手举起。教堂门口左边雕像是圣保罗。

a　手持《圣经》陷入沉思的圣女像。

b　贝尔尼尼的圣彼得宝座祭台，设计依然是巴洛克风格的发挥，整体上有一种悦目赏心的效果。把固体的物质做成流动放射的感觉，以金、黑、橘黄三色协调统一，活泼地传达出荣耀欢乐的主题，是规模宏大的金匠工艺，总体效果是华贵庄严和富丽堂皇的，极具装饰之能事。

b

a　从大殿出来，经过最左边的“死亡铜门”——贾科默·曼足完成于1964年的作品，满门瘦骨清像的人物雕刻，不错。

b　圣彼得铜像左手拿着钥匙放在胸前，右手伸着两个手指，表明什么含义？似乎不像哀伤圣母的手势那么清楚，黑色的雕像两脚由于世世代代朝圣者的亲吻、触摸已经磨损变薄。

站在正午的阳光下，看栏杆入口外，一片露着肩膀和白腿的人伫立徘徊，是被拒绝入内的所谓衣冠不整者。开始寻找西斯廷小堂和梵蒂冈博物馆，顺同样的黄纸黑字走出城墙门洞，再拐向边街，边街全是旅游商品摊点商店，看来路标兼顾导购职责，不忘促进消费。又拐向来时走过的正街，再回到梵蒂冈的城墙下，辗转反复，沿坡而上，终于到了西斯廷小堂门口，却不开门，门外堆积了不少失望的游人，怏怏返回，一路还见不少游客源源不断地向西斯廷小堂进发。迎接他们的会是同样深深的失望，因为在小堂有米开朗琪罗著名的《末日审判》壁画和穹顶画，上帝造亚当的非凡场景就在其上。不能目睹，是最遗憾的事。

a

b

29.

圣马可教堂

Basilica San Marco

现世喧哗让古老的建筑不古

在威尼斯，圣马可广场（Piazza San Marco），又称威尼斯中心广场，为威尼斯的政治、宗教和传统节日的公共活动中心。圣马可教堂对于圣马可广场来说，是必不可少的，而圣马可教堂因为有偌大方

a

b

正的广场，就有了极好的审美视野，把它那宽宽的正面亮给天下的游客。论整体建筑关系的和谐尺度，圣马可教堂算是我看到的最好的：从广场的底端看，主教堂堂堂正正，是广场的精气神，高大的钟楼自觉地让在右边，新旧政府大厦柱廊一色，立面平整，檐口崭齐，一点都不喧宾夺主，只是安分地自甘陪衬。广场上，成千的鸽子麇集在一起，时起时落，这是一个最热闹、最宽阔的去处。现世的喧哗，让古老的建筑不古。

圣马可教堂从里到外融合了拜占庭、伦巴第、哥特式、文艺复兴式等多种装饰风格。从外观上来欣赏，它的五座圆顶仿自土耳其伊斯坦布尔的圣索菲亚教堂，正面的华丽装饰是源于拜占庭的风格，外墙面上半圆的镶嵌画以金色为主，富丽堂皇，哥特式的众多小尖塔调节着活泼的气氛，屋顶有很多雕塑，正面最上面的人物是左手持着《马可福音》的圣马可，下面两边是一群金色羽翼的天使和中央的圣马可的飞狮。镀金飞狮手持的也是《马可福音》，上面的拉丁文是：PAX TIBI MARCE EVANGELISTA MEUS，大意是，你会平安的，马可，我的福音传道者。据说这就是圣马可遇到风浪时，天使对圣马可说的话。教堂四周拱门顶端立有使徒等雕像，如教堂南面与总督府交界处就是著名的四帝共治像。整座教堂的结构又呈现出希腊式的十字形设计，接近正方形的平面布局。正面中央二层拱门上方，也就是大玫瑰窗前，有四匹复制的青铜马，真品收藏在教堂内，是公元前4世纪的青铜作品，威尼斯人在1204年从君士坦丁堡（现在的土耳其伊斯坦布尔）掠夺来的。虽然曾被拿破仑带回巴黎，但后来又回到了威尼斯。而在位于教堂右侧的珍宝馆收藏、陈列有1204年十字军东征

a　圣马可教堂对于圣马可广场来说，是必不可少的，而圣马可教堂因为有偌大方正的广场，就有极好的审美视野，把它那宽宽的正面亮给天下的游客。这是一个最热闹、最宽阔的去处。现世的喧哗，让古老的建筑不古。

b　圣马可教堂融合了东西方的建筑特色。从外观上来欣赏，它的五座圆顶仿自土耳其伊斯坦布尔的圣索菲亚教堂，正面的华丽装饰是源自拜占庭的风格，外墙面上半圆的镶嵌画以金色为主，富丽堂皇，哥特式的小尖塔调节着活泼的气氛，屋顶又有很多雕塑。整体上糅合在一起，多少显得花哨。

a

a 正面中央二层拱门上方，有四匹复制的青铜马，真品收藏在教堂内，是公元前4世纪的青铜作品，威尼斯人在1204年从君士坦丁堡（今土耳其的伊斯坦布尔）掠夺来的。

从君士坦丁堡带回来的其他战利品。

教堂的前身是建于9世纪用来供奉威尼斯的守护者——圣徒圣马可的小教堂。公元828年，两名威尼斯商人从埃及亚历山大的一座教堂盗走耶稣门徒圣马可的尸体，秘密运往威尼斯。为了防止路上官兵的盘查，他们将尸体切割分段，把遗体藏在猪肉里面，回到威尼斯后将遗骨整合埋葬。威尼斯人于829年建立了一座保存遗体的小教堂，就在圣马可广场旁。教堂于火灾后重建，在1073年完成主结构，教堂的外立面的大理石装饰主要形成于13世纪，至于教堂的正面五个入口及其华丽的罗马拱门则陆续完成于17世纪。入口拱门廊内有5幅马赛克绘画，正中是《最后的审判》，两边描绘了圣马可主题，南侧是《从君士坦丁堡运回圣马可遗体》《遗体到达威尼斯》，北侧是《圣马可的礼赞》《圣马可运入圣马可教堂》。《圣马可运入圣马可教堂》是13世纪绘制的（大约在1260年），其他四幅都是17—19世纪按照原来的主题重新绘制。二层也有几幅拱形壁画，主题主要是与耶稣受难有关。

一进入教堂内，就让人眼花缭乱。教堂内部从地板、墙壁到天花板上，都是细致的马赛克镶嵌画作，大约有4000平方米，主题涵盖了十二使徒的布道、基督受难、基督与先知，以及圣人的肖像等。而西侧门廊的马赛克小穹顶就有六个，主题以旧约为主，描绘的《创世纪》里面有亚当、夏娃、诺亚、亚伯拉罕、摩西等形象，共二十多个场景。北侧的门廊，有小穹顶4个，主题是圣母玛利亚的生平。中央最大的穹顶高近30米。上面是主题是《耶稣升天》的庞大镶嵌画，由一群非常优秀的威尼斯工匠在13世纪所完成。这些画作都覆盖着一层闪闪发亮的金箔，使得整座教堂都笼罩在金色的光芒里，难怪教堂又被称为黄金教堂。金色是大教堂的重要装饰色彩，用来进行富丽堂皇的装饰，成为教堂献给上帝的颜色。在圣马可教堂和修道院，金色是使用最多的颜色，实际上圣马可教堂非常幽暗，如果不是借助照明，即使黄金般的装饰也无法辉映空间，让人们清晰地观赏壁画。

圣马可教堂内部的艺术收藏品则来自世界各地，因为从1075年起，所有从海外返回威尼斯的船只都必须缴交一件珍贵的礼物，用来装饰这间“圣马可之家”。最值得参观的是教堂中间最后方的黄金祭坛围屏，高1.4米、宽3.48米，始建于公元976年，其上镶嵌了2000多颗的各式宝石，如珍珠、祖母绿和紫水晶等，做工精致，在千百只蜡烛和聚光灯的映照下熠熠闪光，黄金围屏由两百多个人物小屏组成，中间是耶稣，周围的是基督教圣人和少数拜占庭总督及拜占庭皇后。据说祭坛也是十字军从君士坦丁堡抢来的；祭坛前是制作于14世纪的圣坛屏，上面一排大理石圣人雕像。主祭坛下方的地下室则有装有圣马可遗骨的石棺。主祭坛后面的东穹顶，原是11世纪末期与入口门廊同时绘制壁画，由于损毁严重，于16世纪重新制作，主题是《圣经》旧约中的主要先知。

这座教堂在1807年之前一直是威尼斯总督的私人礼拜堂。在教堂的右侧，有一个长方形钟楼，在地震倒塌之后，威尼斯人又迅速地将它重建了起来，于1912年4月25日正式启用。楼高96米，内部有电梯可达最顶端，让游客眺望威尼斯的美丽全景。站在主教堂的檐头，青铜马就在身边，俯瞰眼前的整个大广场，阳光灿烂，照得似乎身体也通透了。当我赞颂这样一座建筑时，我知道它可以在威尼斯水城的景色中继续延续自己重要的身份，延续自己的生命，和文字一样久长。因为在广场上，卢梭、拜伦、歌德、乔治桑、缪塞、格林卡、福楼拜、华格纳、契诃夫、果戈理……还有威尼斯的无数名人、画家，都曾经站在广场上，眺望过这一片永恒的风景。

a 教堂内部从地板、墙壁到天花板上，都是细致的马赛克镶嵌画作。这些画作都覆盖着一层闪闪发亮的金箔，使得整座教堂都笼罩在金色的光芒里，难怪教堂又被称为黄金教堂。

从教堂出来徜徉广场，这时钟楼的整点钟声响起来，惊起了一群的鸽子，扑哧哧四下里飞翔。五口大钟的声音响亮彻耳，久久地回荡在威尼斯的上空。在威尼斯温和、明媚、快活的阳光下，圣马可教堂看上去也令人心旷神怡，并且因为它的建筑的综合性特征，因为它所处的位置，在游客心中产生出一种奇异的效果和心理。宗教性似乎不重要了，而浪漫的联想和情感在其中可以尽情发挥，来产生一种新的感情。

BENEDITUSQUIUENITINNOMINEDOMINI

30.

弗拉里荣耀圣母堂

S. M. Gloriosa dei Frari

因提香的《圣母升天》而珍贵

a　弗拉里荣耀圣母堂在运河对岸的内里，钟楼、教堂都是褐黄色的砖瓦建筑，用白色的大理石做基石及拱边、尖顶的修饰。门面上一个弧尖拱门，四个大小圆窗，还有边门边窗，朴素里带着高耸的张扬。

意大利文艺复兴在佛罗伦萨发端，由于威尼斯距离相近，尤其威尼斯当时是中西交流的重要据点，而且政治独立，局面相对稳定，当时的贵族较少受到教皇的制约和影响，种种因素，使得威尼斯画派的画家承袭文艺复兴之风，发展持续下去，创造了威尼斯绘画的繁荣，并在15世纪迎来了一个辉煌的全盛时期，在意大利文艺复兴艺术中扮演了一个非常重要的角色。

那个时期的艺术总是和宗教相联系，因此，威尼斯的教堂也应该是必不可少的参观项目。弗拉里荣耀圣母堂在运河对岸的内里，钟楼、教堂都是褐黄色的砖瓦建筑，用白色的大理石做基石及拱边、尖顶的修饰。门面上一个弧尖拱门，四个大小圆窗，还有边门边窗，朴素里带着高耸的张扬。除了圣马可

a

b

b 走进教堂，就直接到祭坛前，正祭台上悬挂着提香所绘的圣母领报装饰屏——《圣母升天》。

a

a 提香的《圣母升天》画面洋溢着神圣的激情，具有高度的戏剧性，饱和丰盈的暖色调，以及加强空间感的强烈明暗，这正是提香的特征。毫无疑问，这是弗拉里最为珍贵的艺术品了。

b 提香的《辟萨罗圣母》，在右下侧的人群里有一个转头注视观众的小孩，仿佛是观众的注视令他分神，画面的界限立刻被打破了，好像小孩子呼之欲出，也使得观众进入画中。

教堂，弗拉里荣耀圣母堂便是最大的了。完成于1396年的80多米钟楼高度也是仅次于圣马可教堂，为威尼斯第二。早上来的时候，四下里静悄悄的，对面的运河绿水倒映教堂宏伟的身影，一桥横跨，白色的桥身清晰在水光里。天色清明，却尚无游人，蓦然觉得自己仿佛错走进一种奇异之境，踌躇于进退之间。

威尼斯的大部分教堂都要收钱才能进入。想来是这里教堂所藏的名画特别多，因此就视为珍贵。有的教堂进门免票，把珍贵的艺术品放置于更衣所或圣器室，再另外售票。弗拉里荣耀圣母堂是方济各修会的教堂，建于15世纪，它还被称为威尼斯的伟人祠，里面埋葬了许多伟人，同时拥有大量的宝贵艺术品，更像是艺术殿堂，因此参观弗拉里荣耀圣母堂就要买票进入，虽然，教堂竭力用未加装饰的外墙来体现清贫的教规，既历史古朴，又低调谦虚。看够了免费教堂的游客就只在教堂外面兜上一圈。

走进教堂，就直接到祭坛前，正祭台上悬挂着提香所绘的圣母领报装饰屏——《圣母升天》(1616—1618)。圣母身着红衣，披绿斗篷，祥云氤氲于脚底，冉冉飞升，张着双手迎接这一壮丽的荣耀。一群小天使围绕于周身，站在地面的试图奋力向上，使得绘画的下部有一种向上的冲力，仿佛要去追随升天的圣母。画面具有高度的戏剧性，洋溢着神圣的激情，有着饱和丰盈的暖色调，以及加强空间感的强烈明暗，这正是提香绘画艺术的特征。这幅画是迄今为止画在画布上的最大的作品之一。伟大的艺术能够产生一切宗教所能激发的情感——狂喜、敬畏、瞻仰、崇拜、虔诚和迷恋。毫无疑问，这是弗拉

b

里最为珍贵的艺术品了。开始时，委托作画的修士们一度拒绝接受这幅画，但是，改变了主意是及时的，这幅画很快为教堂带来了名声。

教堂左侧墙壁上提香的大画《辟萨罗圣母》(1526)里，在右下侧的人群里有一个转头注视观众的小孩，仿佛是观众的注视令他分神，画面的界限立刻被打破了，好像小孩子呼之欲出，也使得观众进入画中。在右边更衣所后殿有乔瓦尼·贝利尼绘于1488年的三折画《朝拜圣母子》，是我所见贝利尼的最好作品。圣母在中，手中的小圣婴站立着，左为圣尼古拉和圣彼得，右是圣本笃和圣马可——圣马可身向着圣母，但是转头注视观众，目光令人难忘。这样脱离场景的处理，就像提香祭坛上的画中小孩子一样，常让观众产生这样的感觉：仿佛画中人是活的，与看画人有了眼光的交流。乔瓦尼·贝利尼是15世纪威尼斯画派最优秀的画家，出生于一个绘画的家族——贝利尼家族，他也是提香的老师。他的画结构清晰，立体感强，色彩艳丽似新。

a 在右边更衣所后殿有乔瓦尼·贝利尼绘于1488年的三折画《朝拜圣母子》，是我所见贝利尼的最好作品。圣母在中，手中的小圣婴站立着，左为圣尼古拉和圣彼得，右是圣本笃和圣马可——圣马可身向着圣母，但是转头注视观众，目光令人难忘。

在殿前左侧的小堂有巴尔托洛米奥·维瓦瑞尼（1440—1499）的童贞圣母像三联画，刻画得也是紧密细致，色彩鲜艳，但是人物的生动性比贝利尼还是差了许多。在教堂两侧悬挂着一些大幅油画。其中，帕尔玛·乔瓦尼（1544—1628）所绘《耶稣下十字架》（1600），以一种前所未有的乐观表现了耶稣下十字架的情形：耶稣已经复活，手持旗子飘然而下，动作与表情洋溢着欢快。这样的表现倒是不多见。比两侧油画更吸引我的是唱经台，全部是木雕的席位，三排124个席位，其上布满雕刻图案及一系列雕像，在幽黄灯光的照耀下，棕黄的木椅更显得古香古色，正有女清扫工在狭窄的椅道间打扫。这样的木雕座椅也是很珍贵的艺术品了。

虽然有贝利尼，弗拉里教堂也可以看作提香的教堂。死后的提香葬在这里，是他自己的选择，这也是一种荣耀吧。右侧墙面有他的纪念碑：在凯旋门下的四尊雕像。雕像看上去比较浮华，缺乏内在的感染力，是卡诺瓦弟子的制作。而卡诺瓦的纪念墓就在提香对面的左墙：三角形的大理石墓碑，中间开有一扇黑门，三角碑下的台阶上是一组圆雕人像，低着头排着顺序，仿佛要进入墓穴的入口。黑门后的墓室里保藏着一个斑岩罐，里面存放着艺术家的心脏。这个有表现力的墓碑，最初是卡诺瓦为提香设计的，最后却由其徒弟用在了自己身上。德国评论家阿道夫·希尔德勃兰特在《造型艺术中的形式问题》一书中专门评论这个墓碑所暴露的雕塑与建筑的关系问题：“这些人像与其说附属于墓穴不如说附属于观众，看上去这些人像好像刚刚攀登到它们的位置上。建筑物与人像之间统一的唯一纽带是人物进入墓中的那个暗示性的动作。因此，看上去更像是表演的一出戏剧，而不是构筑的画面，好像变成了石头的真实的男人和女人。”对类似纪念碑基座上蹲伏石像或青铜像这样的设计方式，阿道夫持批评的态度，认为它没有在纪念碑雕塑与观众之间划出明确的界限，因而显示了艺术的粗陋性。

教堂靠祭坛右侧的小堂里还有一个唐纳泰罗所作的彩色雕像《圣徒约翰》，也是特别生动。在教堂后面及两侧有一些执政官的墓碑雕像，执政官尼科罗·特隆的墓碑可能是威尼斯最大的；而乔瓦尼·佩萨罗的彩色大理石纪念墓则可能是弗拉里最宏伟的，由隆盖纳设计——威尼斯到处是他的建筑。因为有着太多的执政官纪念碑，后堂壁面显得相当烦乱，在脑海里就只留下了纷乱的印象。因此依我看来，卡诺瓦简约鲜明的墓碑设计，好过这些相互争锋的华丽纪念碑。

a

31.

安康圣母大教堂

Chiesa di Santa Maria della Salute

坐落在大运河入口的海角上

a 安康圣母大教堂在威尼斯南端大运河入口的海角，是晚期巴洛克建筑风格。从对岸圣马可广场口望过去，教堂就显得很雄伟，完整地飘浮在运河上。教堂由隆盖纳设计，与罗马的教堂相比，似乎更加突出了建筑上部的重要性（圆顶占有一半多的高度），教堂的正门倒成为次要，这大概也是因为威尼斯这隔水相望的较大视觉空间所致。

安康圣母大教堂在威尼斯南端大运河汇入圣马可海港之处，是晚期巴洛克建筑风格。当我在海角的黄昏闲坐时，教堂就在我的背后，挡住了西落的阳光。但是从对岸圣马可广场口望过来，巴洛克风格的教堂就显得很雄伟，完整地飘浮在运河上，形成了大运河河口的空中轮廓线。

教堂由巴尔达萨雷·隆盖纳设计，新教堂建造的时间长达56年，直到巴尔达萨雷·隆盖纳去世后的5年（1687）才告落成。大小两个浅灰绿色圆顶，小圆顶边紧贴着两个烟囱似的小钟楼，连同丰实的周围建筑，像一艘巨大的不沉之船停泊在海面。海洋性的气候使威尼斯的蓝天如同水洗，碧蓝得没有一丝碎云，如若不是亲眼所见，印在印刷品上，一定以为色彩失真。但是，威尼斯需要这种鲜蓝，蓝天绿水对比得威尼斯风格的大圆顶更加皎洁丰满，大穹顶象征着圣母的王冠，这圆顶占有一半多的高度，与罗马的教堂相比，似乎更加突出了建筑上部的重要性，教堂的正门倒成为次要，大概也是因为威尼斯这隔水相望的较大视觉空间所致。教堂大门只在每年的11月21日健康

a

节那一天打开。健康节是为躲避和消除瘟疫而设，这一天也是人们一年中可以从正门走进教堂的日子，船只在大运河上相连，信徒可以从对岸踏着船走去教堂。

从正面看，大圆顶与凯旋门式的正门形成方、尖、圆与直线的对比，四根高大的圆柱支撑着檐口和三角楣，正面和侧面布满壁龛雕像。大理石台阶一直延伸到水边，给人一切都漂浮在似乎不能承受的水面上的感觉。教堂的圆顶因此更加皓亮洁白，土红色的砖墙与房顶则显现出悠悠的历史感。所以，威尼斯画派在色彩上的丰富感是有依据的。许多画家都描绘过以教堂为主题的风景，美国作家亨利·詹姆斯写道，安康圣母大教堂就像“一个站在沙龙门边的贵妇……她的穹顶和涡卷装饰、扇形边的扶壁和雕像一起组成了一顶华丽的王冠，她那一层层列至地面的宽阔的台阶就像长袍的拖裾”。

有大圆顶的正堂为正八角形，形成8根立柱围绕的宽敞的圆筒状

a

空间，周围有六座礼拜堂环绕，教堂的地面是彩色大理石镶嵌的大同心圆图案，有着视觉的放射效果，最外圈是32朵玫瑰图案装饰，精致美妙得使你不忍踏足其上。从圆心上望是60多米高的圆顶天窗。这个时期的天顶壁画，已经能够很好地创造威尼斯绘画的深景透视。天花板装饰利用仰视的透视造型，造成更大限度的天顶空间，似乎天花板已经不存在了，顶上是一片美丽的天堂景象。由此也创造了新的壁画与建筑平面的关系。让人印象最深刻的是圆顶下的八边形空间中有个很大的吊灯从上面垂下来，每个祭坛有不同特色，形成了一股庄严的气氛。

正祭台上供奉着安康圣母像，教堂正是因为1630年威尼斯大瘟疫的结束，为感恩童贞圣母而建造的，而早在1347年，“黑死病”就曾凶猛地袭击了这个水城。祭坛有朱斯托·勒考特精心制作的一组雕像，表现圣母从瘟疫中解救威尼斯。其他值得一睹的艺术品都专门陈列在祭坛左侧的圣器室里。买票参观，内有多位威尼斯画派的画作，如提香的圣坛背壁装饰画《圣马可加冕图》和天顶画，提香的绘画也遍藏欧洲各大主要博物馆。圣坛右侧有曾经是提香门徒的丁托列托画的《迦纳婚宴》(1563)，复制件在巴黎卢浮宫也有陈列。丁托列托也是16世纪威尼斯画派中伟大的画家之一，在继承威尼斯的传统基础上，受米开朗琪罗影响，善于在暗褐色的底子上做出光与影的对比，营造紧张的气氛，并且喜欢描绘众多人物的大场面。威尼斯总督府的大型壁画《天国》就是丁托列托的手笔，显示了其大胆的构思和丰富的想象力。此间藏画都已经制作成明信片出售，几乎所有的教堂都把自己教堂的绘画、雕像制成明信片，有心者如果购买齐全，一定洋洋大观，足可开一专题展览。

走出教堂，天空飘下了细雨，坐在教堂门口的台阶上躲雨，看着大运河上雨滴泛起的涟漪，心里想着隆盖纳从32岁起就投身于建筑这座教堂的事业中，84岁过世（即1598—1682），5年后这座教堂才完工。

a　提香（威尼斯画派）《圣马可与圣人们》的画像。

b　《迦纳婚宴》(1563)。

b

32.

圣乔凡尼保罗大教堂

Basilica Santi Giovanni e Paolo

里面有贝利尼的作品和墓地

圣乔凡尼保罗大教堂在威尼斯的北面相对冷清的区域。绕水穿巷地寻找它颇费了些工夫，因为小运河的原因，折来返去就难辨东西。

这是威尼斯最大的教堂之一。教堂的外观造型与弗拉里荣耀圣母堂颇为相似，但是没有像弗拉里荣耀圣母堂那样高大的钟楼，却矗立起一个偌大的灰色圆顶。在附近观看会缺乏足够的视野空间，虽然有一个小的广场，广场上矗立着15世纪威尼斯军队统帅科莱奥尼骑马雕像。教堂的旁边是文艺复兴风格的白色圣马可艺术学院，学院的后面是医院。在教堂的附近，正碰上送葬的人身穿黑色的礼服从旁门出来，神父嘴里念念有词，大家走到运河边，几个穿黑西服的男人将棺木抬上停泊在运河里的汽艇，参加葬礼的人们同死者

a

的亲属握手、亲吻、拥抱表示哀悼，专职摄影师在旁边记录下整个过程，一切在悲哀的静穆里进行，说话也是低沉而短暂。运河里路过的汽艇也放慢了速度，船上的人们手在胸前划着十字表示致哀。人们目送搭放着带花冠的棺木的汽艇顺乞丐运河（乞丐运河的得名源于附近的穷人收容院）出海而去。会葬在什么海岛上呢？我不由想起勃克林的《死亡岛》油画所描绘的场景。

教堂是道明会1360年初造，画家弗朗西斯科·格拉蒂画过《教皇皮乌斯六世在圣乔凡尼保罗大教堂为民众祈福》（1782）。这里像弗拉里荣耀圣母堂一样也成为执政官的埋葬地，内部保存有13—18

a　圣诺望与圣保罗教堂在威尼斯的北面相对冷清的区域。教堂的外观造型与弗拉里荣耀圣母堂颇为相似，但是没有像弗拉里荣耀圣母堂那样高大的钟楼，却矗立起一个偌大的圆顶。

b　教堂中庭有粗大的圆柱，柱头之间有彩绘横梁贯穿，天顶是双圆曲线交错。这种结构倒是颇像中国的木梁结构。

a 教堂巨大的彩色玻璃画窗吸引着游人的目光。装饰性的宗教画由于彩色玻璃在光线的照耀下，缤纷而鲜艳，倒减少了压抑的气氛，形成了深黯教堂里希望性的亮点。

b 乔瓦尼·贝利尼年轻时绘制的多折画非常精彩，尤其是圣徒三折画上的三张方形小画。一时之间，我不知道是为了来看贝利尼的墓，还是来看这张画。

世纪历代威尼斯总督的墓碑和纪念碑。威尼斯画派著名的画家乔瓦尼·贝利尼也埋葬在此。贝利尼家族出了几个画家，乔瓦尼·贝利尼是最出色的一个，佛罗伦萨的乌菲齐博物馆藏有他的《湖上的圣母》，威尼斯的美术学院藏有他的《五个寓言》。提香和佐尔佐内都是贝利尼的学生。在第二座祭台上有贝利尼年轻时绘制的多折画，需要在投币器放入硬币，才会有灯亮上几分钟供人欣赏。画是非常精彩的，尤其是圣徒三折画上的三张方形小画，左边描绘的是向圣母报喜的天使侧面半身像，如若去除翅膀，更像文雅可爱的少女画像；右边的披黑衣的圣母在红色帏布的衬托下神色凝重地合掌祈祷，如少女般的圣母突显在深暗的色调里；中间是天使与垂死的耶稣。教堂拥有了贝利尼的这幅杰作，将其埋葬在这里也是有理由的。一时之间，我不知道是为了来看贝利尼的墓，还是来看这张画。

教堂右侧廊有乔凡尼的祭坛画《圣温契佐·斐雷利》，也有毕雅契达的天顶画《圣多明尼的荣光》及一座位于南部过道的神奇拜占庭雕塑——“和平之后”，也是令人瞩目。教堂中庭有粗大的圆柱，柱头之间有彩绘横梁贯穿，天顶是双圆曲线交错。这样的结构大概是X形的交叉拱，虽然闯过方形或长方形的间隔把重量带到了四角的支撑柱上，但是还是不够牢固，所以才有横向的梁木连接承担负荷的特定的支点，使其更加牢固。这种结构倒是颇像中国的木梁结构。教堂前庭右侧耳堂巨大的彩色玻璃画窗吸引着游人的目光。装饰性的宗教画由于彩色玻璃在光线的照耀下，缤纷而鲜艳，倒减少了压抑的气氛，形成了深黯教堂里暗示希望的亮光。祭坛上有繁复的雕刻台，形成对比的倒是正祭台后的窗户，出人意料的朴素。由一般的小拱窗合成竖长条的大拱窗，两层之间还有一圈小玫瑰窗，墙壁的感觉被消解了，加之窗户又一

a

律为白玻璃，因此采光不错，形成了教堂最明亮的地带。在玫瑰小堂的顶上有委罗内塞的三幅画作，在罗萨里欧礼拜堂内是他的《圣母升天》，在画册上看，是极其精彩的杰作，但是在暗淡的光线里不甚清晰，让迫切的我心生失望。其余华丽的执政官纪念墓又常常不在我的注意范围之内，所以参观的时间也很短暂。据说教堂内还供奉着瑟纳贞女圣加大利纳（Santa Caterina da Siena）的一只脚，这是这座教堂最主要的圣物。

钟声敲响的时候，好像每一个人的脚步都慢下来了。出得教堂，觉得阳光明亮得有些刺眼。但是，明亮总是使心情也明快起来。这几乎是一个普遍的规律。所以上帝说：要有光，于是就有了光。

b

33.

穆拉诺岛的教堂

Basilica di I. S. Murano

坐落在水城威尼斯的玻璃岛上

穆拉诺（Murano）是位于意大利威尼斯市北部的岛屿，以制作水晶玻璃制品著名，因此在穆拉诺岛的朱斯蒂广场（Palazzo Giustinian）专门有一家“穆拉诺玻璃博物馆”，来岛上的游客多是参观玻璃工场和博物馆，很少光顾教堂。穆拉诺岛上有两座教堂，一座叫圣彼

a

b

埃托·马蒂尔教堂（San Pietro Martire），挨着维瓦尔尼桥（Vivarini），外观朴素，土红色的砖墙形成细碎的纹理，并无装饰，里面也并不繁杂，廊柱细而少。教堂不大，但是空间是通透和敞亮的，半圆的拱顶，边有纹饰。圣彼埃托·马蒂尔教堂整体色彩是朴素的，没有威尼斯主岛大教堂那繁多的壁画和天顶画，没有彩色玻璃窗，就像是一个乡村的教堂。小岛的教堂是安静的，而宁静正是心灵在宗教里追求的境界。

沿河过维瓦尔尼桥右行，辗转曲折，来到岛中心的圣玛利亚与圣多纳托教堂（Santi Maria e Donato）。正碰见送葬的队伍排队抬棺进入教堂，去世者是位老太太，讣告就贴在广告栏里，照片上的老太太显出慈祥的微笑。在牧师的主持下，全体默立致哀，气氛肃穆庄严，管风琴深沉而缓慢地响起来，声音似乎渗透进教堂的墙壁与石柱中。沉浸在这样的气氛里，不由地想起加缪在《局外人》的结尾，让一个

a 圣彼埃托·马蒂尔教堂挨着维瓦尔尼桥，外观朴素，土红色的砖墙形成细碎的纹理，并无装饰。

b 教堂里面廊柱细而少，空间通透、敞亮，半圆的拱顶，边有纹饰。没有威尼斯主岛大教堂那繁多的壁画和天顶画，没有彩色玻璃窗，就像是一个乡村的教堂。小岛的教堂是安静的，而宁静正是心灵在宗教里追求的境界。

a 圣玛利亚与圣多纳托教堂背靠运河的那一面建有带盖的两层白色拱廊，有点像剧院，被红墙所衬托，但是底下却没有大门入口，映在运河的水上，景色就分外旖旎，运河的绿水里也有了多彩的颜色。傍水的教堂，自有一种独特妖娆的魅力。

角色说的话："人人皆为兄弟，等待他们的是同一个结局——死亡。"这样去想未免沉重。死亡是一个沉重的命题，在这个宁静的状态中思考死亡，也许会更好地理解生命的悲剧意义。

在教堂的后面陈列了一些描绘本教堂形象构造的素描图画。教堂建于7世纪，后来不断加以维修。方形的钟楼和教堂都是朴素的红砖外墙，有意思的是背靠运河的那一面建有带盖的两层白色拱廊，有点像剧院，被红墙所衬托，但是底下却没有大门入口，映在运河的水上，景色就分外旖旎，运河的绿水里也有了多彩的颜色。傍水的教堂，自有一种独特妖娆的魅力，虽然妖娆这个词我很少用在教堂上。于是我就坐在运河边，在速写本上勾勒教堂的形象。其实教堂还有一些古朴的意味，并非风骚的。在教堂陈列的图画里有描写雪中的教堂景象，威尼斯会下雪吗？如果会，那情景一定美丽动人。尽管有图画，还是令人难以想象。雪中小岛上的教堂，宁静里会不会有一丝孤寂？

从多纳托小桥过对岸给教堂拍照。正午时分，岛上格外地宁静，宁静得为自己是外来者而有些忐忑。小巷深处有两位妇人坐在门前纳凉闲谈。一位老先生提着食品袋表情和蔼地走过。没有主岛的喧闹，没有游客的大举入侵惊扰住民的安宁。或许教堂墓地也是岛民们身后安详的家。在它的西北还有一片绿地树林，但是也在缩小，最终可能完全被水泥石头覆盖。相比之下，托尔切罗岛更接近乡村自然的风貌。

a

34.

圣家族大教堂

La Sagrada Família

高迪那无休无止建造的殿堂

巴塞罗那是一座富于活力的城市，圣家族大教堂则是巴塞罗那最为醒目的地标，是巴塞罗那掩饰不住的骄傲。无论你身处巴塞罗那哪一方，只要抬起头就能看到它。建筑天才高迪（1852—1926）自1883年开始接手该工程，直至1926年去世。用生命全部最后的时光，专心致志于这一教堂的建筑，从而创造了他一生中最伟大的建筑成就。

a

汽车进入巴塞罗那，直接开到圣家族大教堂，果然名不虚传！第一印象是教堂周围的游客密如蜂蝇，人声喧喧，浑如一釜鼎沸之水！抬头仰望高耸入云的教堂，教堂有三个正门，每个门上方 4 座尖塔，据说12座塔代表了耶稣的12个门徒。另外有 4 座塔共同簇拥着

b

c

一个170米的高塔，象征4位福音传教士和基督本身。这些尖塔如一只只细细圆锥直刺长天，塔顶形状错综复杂，有各色花砖加以装饰。每个塔尖上都有一个围着球形花冠的十字架。锥体上整齐地布满方洞，像是被穿透了数百个孔眼的巨大蚁丘延伸到中部，拉成竖条形的拱洞，更增加了向上运动的感觉。

塔身下部与大体的三角顶门相接，拱门上繁复的雕饰几同垂积的钟乳石，又如即将起飞的火箭喷射的火流热浪。尖顶有红黄色的星饰，似乎象征着教堂高与天接。这个教堂给人的感觉，仿佛先做好一个框架，然后从顶往下浇灌无数吨的水泥，淋漓不止，形成了教堂这个模样。教堂建成这等形象，已经少有宗教特有的庄重、肃穆甚至压抑之感，更像是任性孩子的沙滩筑堡，自在率意。而高迪自己说：“直线属于人类，而曲线归于上帝。”圣家族大教堂的设计，几乎看不到直线和平面的运用，而是以螺旋、锥形、双曲线、抛物线的变化，组合成充满韵律动感的奇异建筑。

古怪在艺术上就是一种独特？其实还不全是，古怪可能是非常人的气质与非常规的创造力，看上去难以理解。细细追溯，却也可看到蛛丝马迹。一个民族的性格孕育着一个艺术家，一方土地滋养着一方的艺术。西班牙人充满了艺术气质，大艺术家比比皆是，举不胜举。可贵的是骨子里还有一种古怪。近有毕加索、达利，稍远有格列柯、哥雅，还有设计这座教堂的高迪。教堂的整体设计以自然为师，从山

a 高迪圣家族教堂外观。
b 高迪圣家族教堂外观局部。
c 高迪圣家族教堂外墙雕塑。

a

脉、洞穴、树木、动植物寻找灵感，设计运用到教堂的局部装饰上，圣家族大教堂的墙上伸出各种怪兽滴水嘴，还有其他许多动物雕塑。这使得隐喻和装饰把教堂的纪念性发挥到极致，让教堂成为充满各种象征的符号的字典。

教堂的三个立面，分别以隐喻的手法象征耶稣一生的三个阶段：诞生、受难与复活，代表着耶稣神性的三个方面。面向东方的“诞生立面”（1935）、面向西方的“受难立面”（1976）和面向南方还未完工的“复活立面”。诞生立面装饰丰富，富有生机，受难立面朴素简单，由大量光秃秃的石头组成，上刻有醒目锋锐的直线，与骨架上的骨骼相仿。立面上雕刻的场景可分为三个阶段，呈“S”形排列，展现的是耶稣的“苦路”。最低的一层来自耶稣受难前夜，中间层描述的是耶稣受难当天，第三层描述的则是耶稣的埋葬和复活。

教堂的背面是参观入口，描写耶稣与十二门徒最后晚餐的“复活立面”，2002年动工的立面仍在施工中，庞大宏伟，展现耶稣成神升天的经历：死亡、最后的审判和荣耀，也描绘诸如地狱、炼狱等场景。

a　高迪圣家族教堂内部。
b　高迪圣家族教堂内部。

上方巨大龛洞是耶稣十字架苦像雕塑及众像，体面明快，如斧斫木，端的是近现代的风格，是约瑟夫·萨巴拉奇斯于1990年完成的作品，其实与高迪的教堂建筑风格并不协调。教堂已修缮经年，久难完工，新的大理石呈乳白色，与旧石对比鲜明，斜形向上切面变化的石柱如同紧抻的绷带，少见这种处理手法。

内部的设计为拉丁十字架式，总共有五条走廊。中殿的拱顶高达45米。中央的弧顶高达60米，半圆形后殿上另有一个高75米的双曲面穹顶。十字行翼部有三条走廊。立柱间隔7.5米。十字架构的汇聚处是四根斑岩立柱，柱林巨木参天，支撑起了巨大的双曲面结构，周围则还有未完成的十二个围成环形的双曲面，高迪对光线的应用也非常得心应手，两侧的彩绘玻璃窗分别是暖色调和冷色调，配合太阳在一天中的转变而变化，教堂里会被照射到不同方位的彩色光。给人以奇幻的想象。而教堂内的支柱就像是教堂里的大树。天花板上的灯光就像是夜晚的星空。

教堂一天天建起来。可是，年老的高迪在1926年6月8日的一次交通事故中受伤，这时的高迪看上去穿着寒酸，形容枯槁，开始人们并没有认出来他就是高迪。受伤的高迪被送到医院两日后去世，最后安葬在圣家族大教堂的地下墓室，在地下安心地等待教堂的建成。可是，这座大教堂至今尚未完全竣工。教堂底下有个博物馆，专门介绍这个教堂和高迪的创作观念。里面有许多圣家族教堂的设计效果图。那一张张素描，展示了高迪呕心沥血的研究。

2020年尚在建设中的圣家族大教堂

b

a 高迪圣家族教堂内部。

因疫情导致工期推迟，建设资金也受到影响，无法在原计划的2026年即设计师高迪逝世100周年的时候完工。这已是历时144年的建造了，高迪曾说过：“我的客户（上帝）并不着急。”这一种从容令人敬佩。反倒衬出日常生活中渺小的迫切和焦虑，急切建立起来的东西，迅速地垮塌着，慢慢建造的东西，长久地屹立在这个星球上。宗教的虔诚，超越了眼前的功利，转化为一砖一石的精细，几代人一起营造着一个理想，继续着一个伟大天才的梦想，这建造中的古建筑，在人们一代代的见证中接近完成，在这漫长的时间中，“老年与青年间弥平了沟犁，现代与过去间化解了区别，宗教与艺术间模糊了界限”。2010年11月，教皇本笃十六世将教堂封为宗座圣殿，联合国教科文组织也选其为世界遗产。教堂工程一直完全由私人资金支持，现在每年耗资约2500万欧元。2018年10月教堂被曝光并未取得巴塞罗那市政府的建筑许可证。因此，市政府对其开出了3600万欧元(约2.8亿人民币)的罚款，并要求分10年付清。

来巴市的路上，时见路边生长着一种修长的柏树，形状犹如圣家族大教堂的尖顶，更常见的是棕榈树，市区街道比比皆是，树身有粗细变化及波形纹，颇像米拉公寓的曲线轮廓，更有石柱林立的岩山像极了簇簇塔顶的教堂，不知高迪会不会是从中得到启发？但是高迪太“前无古人，后无来者”，我宁可相信是树与自然倾慕高迪而长成如其创造物的形状。

a

35.

圣本尼迪克特修道院

Benedictine Monastery

隐藏于雨雾山中的静修之地

西班牙的圣本尼迪克特修道院在蒙特塞拉拉特（Montserrat）的深山之中，曾经是卡塔罗尼亚的宗教文化和精神中心。乘旅游车盘旋

a

b

而上，在云山雾罩之中就看到了紧傍山崖修建的红色砖石的修道院。修道院已经成为热门的参观旅游之地，游客很多。深山建院，山高路远，可以远离世俗的喧嚣和诱惑潜心静修，也许就是当初建院的心愿，但是现在却大背宗旨，变成了旅游胜地。同样的情况也发生在国内的一些寺庙身上。宗教圣地、教堂寺庙一方面承载着慰藉心灵的作用；一方面，作为旅游项目开发创收，以维持其日常的开支，过去靠香火和募捐，现在靠门票和旅游纪念品的出售收入。

修道院边上的山石壁崖，大块累累，浑圆丰腴，兀自排列在那里，像一群大肚的罗汉，须仰视才见的伟岸，光秃秃的赤膊袒裎，与崖下的直板四方城堡般的修道院一起体现着男性的气质，真的是相得益彰。建筑有性别之分，这是我在这里感受到的。修道院正门旁边是一个方正高大的钟楼。正门前有一个广场，一只黑猫郁郁地走过，广场边拱廊下的圣徒雕像默默地俯视着。

a　圣本尼迪克特修道院在蒙特塞拉拉特深山之中，曾经是卡塔罗尼亚的宗教文化和精神中心。

b　修道院正门前有一个广场，广场边拱廊下的圣徒雕像默默地俯视着。

a

a 一眺幽暗的教堂大厅，身边烛光明灭，圣像俨然，游客也好像一起被人仰望了一把。

b 回廊上有一尊不大的圣母玛利亚雕像，怀抱着圣子。金色里闪出黑色的光泽，因此被人称作黑色的玛利亚。

c 庭院放置着一尊青铜雕像，是展翅欲翔的天使，雕得不错，吸引了我的目光。

b

c

圣本尼迪克特（约480—547）亦译作圣本笃。修道院制度就是圣本笃建立的。圣本笃公元480年出生在意大利的纽斯亚（Nusia），在罗马获得经典教育，但是对罗马的腐败深感失望，于是离开繁华都市，进入深山老林，住进山洞面壁而思。大约在公元529年，在罗马城西南的蒙特卡西诺荒山上和追随者建立起一座著名的修道院，制定了修道共同体制度化准则，即圣本笃规则。他那极具影响力的法则描述了一种修道院制度，特点是温和的隐修、温和的戒律，以及宽松的规则。而教皇格利高里一世把在这个规则下建立的修道院制度纳入了整个西方大公教的制度体系，从而使之成为整个西方基督教的修道院制度。圣本笃于公元547年3月21日去世，从此，每一年的这一天，全世界的天主教徒都会纪念他。

圣本笃的教规传遍了整个西方基督教世界，此后一千多年，西方基督教的修院制度一直没有中断。形成一批独立自治的修道院，这些修道院中的僧侣们共同过着一种规范清修的生活：祈祷、思考，以及为上帝服务。在欧洲各地深山不为人知的地方，修道院一个个建立起来，悄悄地对抗着漫长的岁月。西班牙深山的这个修道院就是这样的类型吧。据说修士们相互之间也禁止用语言交谈，而是通过手势进行必要的交流。这的确也是十分严苛的修道规则了。一代代的修士老去了，然后就埋在修道院的附近，新来的修士与他们的魂灵做伴。在年轻的修士喃喃的祈祷声中，在安魂弥撒的歌声中，在教堂深沉的钟声里，幽灵大约是安慰的。这里，没有俗世的惊扰，钟声在夜的山雾和山松间回荡。

修道院内部的教堂构造满赋心思。侧面楼梯越上越窄小逼仄，在昏暗中旋转而上，可以到教堂的正面上部。上部的回廊上有一尊不大的圣母玛利亚雕像，怀抱着圣子，金色里闪出黑色的光泽，因此被人称作黑色的玛利亚。传说黑色圣母玛利亚雕像具有魔力，吸引了游客轻轻地用手抚摸。一眺幽暗的教堂大厅，下面的游客正往上观看，身边烛光明灭，圣像俨然，陪伴着金光闪闪的雕像的游客，也好像一起被底下的游人仰望了一把。从另一侧盘旋下去，在侧厅敬上香火，投一些硬币，拿一个烛盒，凑在已点燃的烛火上点燃，然后放在一排排的烛火架上，点点烛火在黑暗中摇曳，倒也温暖壮观。出门到外侧的小庭院。庭院里放置着一尊青铜雕像，是展翅欲翔的天使，雕得不错，吸引了我的目光，赶快速写下来。

离开修道院，一路下山。回头望，云雾缭绕，山雨骤来，阴云四合，能见度甚小。雨水在窗玻璃上肆意漫流，众乘客无语假寐，唯有司机聚精会神于山路弯道，宁静里充满了对生命担忧的紧张，修道院也就撩到了脑后，直到山下的平坦公路，大家小声欢呼起来。再望山头修道院处，黑云翻卷，水汽迷茫，一切尽在风雨肆虐中。自然的风雨是好的，人世间的战乱、入侵、饥荒、瘟疫，也会影响刻意远离世间的修道院。有的修道院垮了，成为一堆废墟，有的修道院被毁了，成了杀戮的战场。但是，这个深山的修道院保存了下来，真是难得，千年来的一代代修士功不可没。借助一个昌明的年代，它还会安稳地延续下去。

36.

威斯敏斯特教堂

Westminster Abbey

见证历史安息千古风流人物

a 威斯敏斯特教堂坐落在英国伦敦议会广场，整座建筑既金碧辉煌，又静谧肃穆，被认为是英国哥特式建筑的杰作。

威斯敏斯特教堂坐落在英国伦敦议会广场，最初由笃信宗教的国王“忏悔者”爱德华一世于公元1050年下令修建，1065年建成。现存的教堂为1245年亨利三世时重建，以后历代都有增建，15世纪末竣工。教堂全长156米，宽22米，大穹隆顶高31米，钟楼高68.5米，

a

b

b 威斯敏斯特教堂的外立面有太多的装饰细节及局部的造型雕刻，重重叠叠的庄严的哥特结构，故意暴露的飞扶壁，使外观更加立体多变，建筑与雕塑达到了和谐平衡，而它的美与特色就在其中。

a 对威斯敏斯特教堂发生兴趣，主要是因为里面埋葬着一些历史名人。几百年来，从历代国王到诗人、作家、作曲家、科学家，成百上千的人静静地安眠在这里，因此参观教堂就带了点瞻仰的味道。

b 威斯敏斯特教堂和英国王室有着割舍不开的关系，因而也就和英国的近代史发生紧密的联系。继1066年征服者威廉之后，教堂成为绝大多数英王加冕的地方，是英国社会历史的见证。

一对塔楼插入天空。整座建筑既金碧辉煌，又静谧肃穆，被认为是英国哥特式建筑的杰作。威斯敏斯特教堂与威斯敏斯特宫和圣玛格丽特教堂一起被联合国教科文组织世界遗产委员会批准作为文化遗产列入《世界遗产名录》。

威斯敏斯特教堂意译为西敏寺。坐在教堂外的草地上小憩，顺手画教堂的速写。建筑速写实在着不得急，不像风景可以自由改动简化自然事物的形状、构图。古代建筑的外立面有太多的装饰细节以及局部的造型雕刻，重重叠叠的庄严的哥特结构，故意暴露的飞扶壁，使得外观更加立体多变，建筑与雕塑达到了和谐平衡，而它的美与特色就在其中——刺向天空的垂直尖塔和雕刻在墙上的雕塑横带形成复杂的平衡，创造出立面的凹凸效果，由于阳光的变化而得到加强。

威斯敏斯特教堂在英国社会政治中起着重要的作用，被誉为英国“荣誉的宝塔尖”。威斯敏斯特教堂和英国王室有着割舍不开的关系，是英国地位最高的教堂，1066年征服者威廉（威廉一世的绰号）之后，教堂成为国王加冕、皇家婚礼、国葬举行之地，具有重要的历史

a

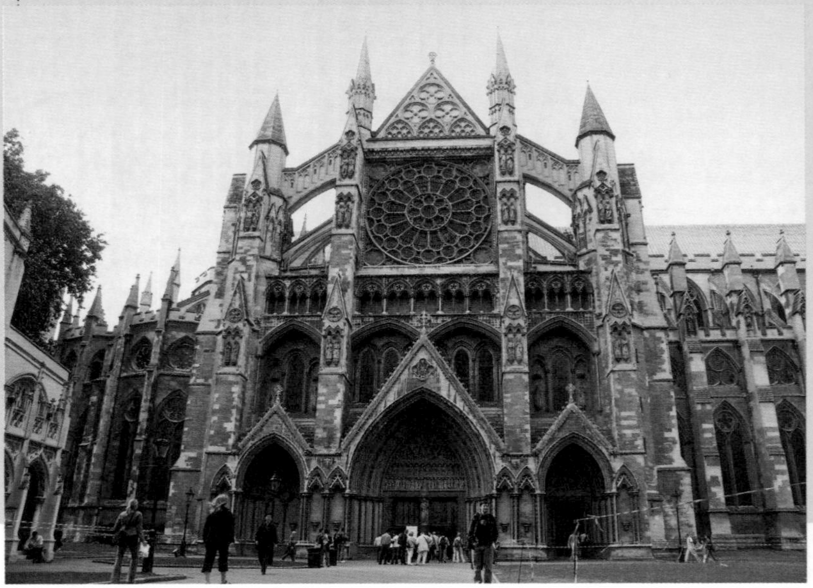

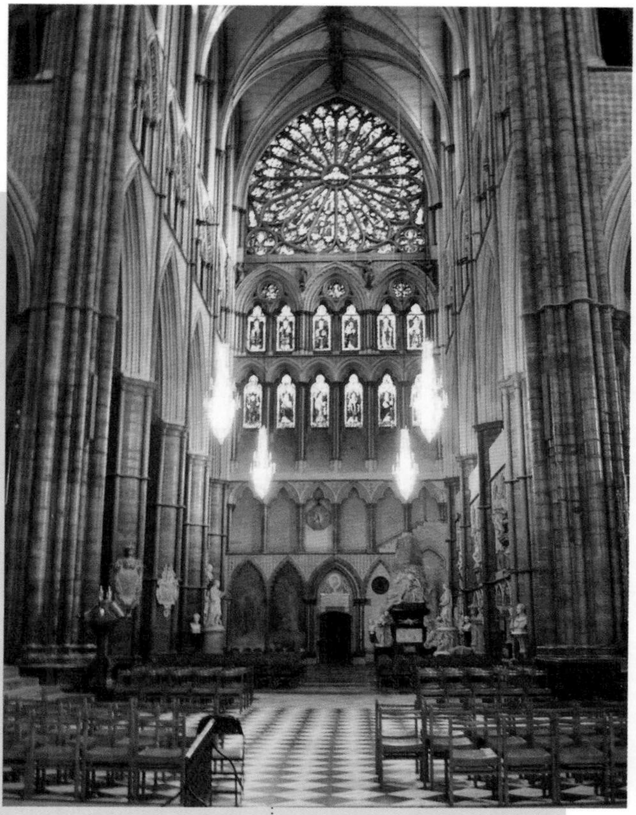

b

意义和象征意义，是英国社会历史的见证者，在1540年（英国国教同罗马教廷决裂）前的600年里都是本笃教会的教堂，18世纪以后，则成了大众的游览休闲去处，虽然它仍和英国教会紧密相连。1997年，戴安娜王妃的葬礼就在这里举行。那时我在地方讲学，住在旅馆，正好看到凤凰卫视对葬礼的电视直播，目睹了高大深邃的教堂里举行的隆重仪式。

走进教堂，遇到了神父引领参观者进行短暂祈祷，使随后的参观带有了一种沉默而压抑的气氛。石棺、雕像与墓铭，积累起蒙尘的厚重的历史，对英国人来说，也许是伟大的。教堂的内殿是加冕之地，所有的不列颠国王都在威斯敏斯特教堂加冕。现今的伊丽莎白二世在1953年由坎特伯雷大主教加冕，据说当年电视直播了盛况。当年加冕的座椅现在还存放在教堂中最神圣的忏悔者爱德华的小教堂里。2020年4月5日，94岁的英国女王伊丽莎白二世还在此就新冠肺炎疫情发表全国电视讲话。位于祭坛东端的是圣爱德华礼拜堂，在圣爱德华礼拜堂西侧有著名的用英国橡木制作的爱德华国王宝座，是1307年第一次为其加冕时所用的。宝座下有一块称作“斯库恩”的圣石，原是古苏格兰国王传统的加冕座位，后被爱德华国王征讨苏格兰时夺过来，并在石上配了一把橡木椅子。此后，各代英王登基时就在这椅上端坐加冕，因此，这把样子一般的椅子和下面的石头成为神圣的国宝。

在这里，英王们成为正式的最高统治者，同样这里也成了他们最后的归宿。亨利七世、爱德华六世、玛丽一世、伊丽莎白一世、苏格兰玛丽女王、詹姆斯一世等都埋葬在这里。其中规模最大的是亨利七世的教堂和陵墓，它位于中轴线正中的最后方，占据了整整1/3的面积。它那纤细华美的穹顶，五彩缤纷的旌旗，给人以明快欢乐的世俗气氛。在它的右面，是女王伊丽莎白一世的陵墓；左面是被伊丽莎白一世处死的苏格兰玛丽女王的陵墓。

从伊丽莎白一世的陵墓前走过，游客们各怀心思，但是都表情严肃地将眼光投放在棺椁上。入口的神职工作人员更是庄重得不得了，营造出高贵得有点阴森的气氛。熟悉英国历史的游客，也许可以在形形色色的墓碑上寻找历史人物的姓名，获得发现的惊喜。大多数则是顺着规定的路线鱼贯而行，对大小雕刻墓碑难以细细端详。离开教堂里的圣母堂后，参观者四散开来，参观就比较轻松自由，不再有拦绳约束，不再按顺序排队。

但是，人们对威斯敏斯特教堂发生兴趣，主要是因为里面埋葬着一些历史名人。伏尔泰曾经说过：“走进威斯敏斯特教堂，人们所瞻仰的不是君王们的陵寝，而是国家为感谢那些为国增光的最伟大人物的纪念碑。这便是英国人民对于才能的尊敬。”几百年来，诗人、作家、作曲家、科学家，成百上千的人静静地安眠在这里，因此参观教堂就带了点瞻仰的味道。在甬道的南头是有名的诗人角，“诗人之角”因埋葬14世纪诗人乔叟和文艺复兴时期诗人斯宾塞而得名。首先看到的是彩色玻璃窗上乔叟的名字。杰弗里·乔叟是第一位下葬威斯敏斯特教堂的诗人，他曾经在教堂里工作过，1400年葬于此。其他还有彭斯、布莱克、济兹等，说起来都是大名鼎鼎，如雷贯耳。但是，许多人的墓碑就铺在地上，任游客践踏着寻找熟悉的名字，在地面的左上角，可以看到拜伦的白色石碑。但是雪莱与拜伦因为惊世骇俗的言论没能葬入威斯敏斯特教堂。

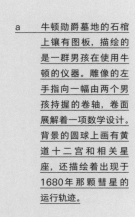

a

英国著名的文学家、艺术家，如莎士比亚、哈代等，都在这里建有墓室或墓碑。在威斯敏斯特教堂中还有一座威廉·莎士比亚的塑像，但是莎士比亚葬在他的家乡，而不是这里。此外还有著名的政治家丘吉尔、张伯伦等，科学家则有生物学家达尔文、天文学家赫谢尔等，而牛顿是人类历史上第一个获得国葬资格的自然科学家，他的墓地位于“科学家之角”。石棺上镶有图板，描绘的是一群男孩在使用牛顿的仪器；上方他的雕像左手指向一幅由两个男孩持握的卷轴，卷面展解着一项数学设计；背景雕塑是一个圆球，球上画有黄道十二宫和相关星座，还描绘着出现于1680年那颗彗星的运行轨迹。墓碑上的拉丁铭文翻译如下：此地安葬的是艾萨克·牛顿勋爵，他用近乎神圣的心智和独具特色的数学原则，探索出行星的运动和形状、彗星的轨迹、海洋的潮汐、光线的不同谱调和由此而产生的其他学者以前所未能想象到的颜色的特性。以他在研究自然、古物和《圣经》中的勤奋、聪明和虔诚，依据自己的哲学证明了至尊上帝的万能，并以其个人的方式表述了福音书的简明至理。人们为此欣喜：人类历史上曾出现如此辉煌的荣耀。他生于1642年12月25日，卒于1726年3月20日。2018年，英国剑桥大学著名物理学家，现代最伟大的物理学家霍金去世后，其骨灰也被安放于伦敦威斯敏斯特教堂，与牛顿、达尔文等毗邻。

a　牛顿勋爵墓地的石棺上镶有图板，描绘的是一群男孩在使用牛顿的仪器。雕像的左手指向一幅由两个男孩持握的卷轴，卷面展解着一项数学设计。背景的圆球上画有黄道十二宫和相关星座，还描绘着出现于1680年那颗彗星的运行轨迹。

教堂北侧廊靠近管风琴处，安葬着亨利·珀塞尔，英国最伟大的

a

b

作曲家，他曾经演奏过教堂的管风琴。他的墓志铭上写着：“已去了那有福之地，只有在那里，他的和声才能被超越。”在这里，当年曾为他举行过豪华的葬礼。后来的音乐巨人亨德尔，安葬在西南角。塑像中亨德尔倾听着天使歌唱，手里拿着《弥赛亚》的乐谱，上面写着：“我知道，我的救世主活着。”在他的旁边，是100年后葬于此地的作家狄更斯，他的《大卫·科波菲尔》给少年时的我留下了很深的印象。

教堂内有一座特殊的小礼拜堂，献给在1940年秋季英德空战中牺牲的皇家空军战士。在教堂西大门内正中地上，有一块镌有金字、被深红色罂粟花环绕的黑色大理石碑，是第一次世界大战的无名英雄墓碑，下面埋葬着一名由法国战场上运回的士兵的尸体。墓志铭为：“无名者最有名。他们为英王、为国家、为人类和平正义而牺牲。”而威斯敏斯特教堂西大门上方，从1998年起安置了10尊基督教殉道者塑像。他们来自世界各地，是在20世纪殉道的当代信徒。

a 威斯敏斯特教堂西大门上方，从1998年起安置了10尊基督教殉道者塑像。他们来自世界各地，是在20世纪殉道的当代信徒。

b 威斯敏斯特教堂西大门上方的金色的圣母子雕像。

37.

圣保罗大教堂

St. Paul's Cathedral

英国最大的王公贵族安息地

a 伦敦的最高处大约是圣保罗大教堂的圆顶了。圣保罗大教堂是世界第二大圆顶教堂，外部看来是欧洲文艺复兴时代的典型模式，但是保留了不少哥特式建筑的特点，其横切图更是一个典型的哥特式教堂的样式。

b 圣保罗大教堂的里面，是用方形石柱支撑起来的拱形大厅，放着一排排的长条木椅。正面是传教讲坛，伦敦教区的主教就在这里讲经。大厅周围有许多厅室，是陈列教堂文物和教士们办公的地方。站立在宽广挑高的中殿里，感受着整体建筑设计的优雅、完美，体会着内部空间的静谧、安详。

伦敦的最高处曾是圣保罗大教堂的圆顶。圣保罗大教堂是英国第一大教堂，位列世界五大教堂之列，也是世界第二大圆顶教堂，仅次于罗马梵蒂冈的圣彼得大教堂，主体建筑是两座长150米、宽39米的两层十字形大楼，呈对称状。外部看来是欧洲文艺复兴时代的典型模式，但是保留了不少哥特式建筑的特点，包括在假墙后使用露天飞梁支持承重的墙壁，而且其横切图更是一个典型的哥特式教堂的样式。波特兰石材砌成最具特色的中央圆形穹顶，直径达34米，圆屋顶上面有十字架顶，总高113米，从圆顶上可以俯瞰伦敦全城。

早在604年，东撒克逊王埃塞尔伯特就在卢德门山顶上，建造了初期的圣保罗大教堂。哥特式建筑的老圣保罗大教堂始建于公元12世纪。公元1666年的伦敦大火把老教堂的大部分地方焚毁，有关方面最后决定重建教堂，工作由克里斯托弗·雷恩爵士负责，一直到1710年才修建完成，那时的雷恩已经78岁了。这场大火烧毁了89座教堂，雷恩在监督修复圣保罗大教堂的同时，也监督其他50座教堂的修复。目前，教堂内还有一座雷恩的墓碑，上面写着“If you

a

b

seek his monument, just look around”（如果你在寻觅他的纪念碑，只需要看看周围），意味深长。据说伦敦大多数地标在第二次世界大战中都遭轰炸被毁，圣保罗大教堂却得以幸存，但是窗户玻璃碎掉，于是用白玻璃补镶，却也保持了这种风格，黯淡之处露出朴素无华来。

圣保罗大教堂的巨大穹顶高约111米，宽约74米，纵深约157米，穹顶直径达34米。方形石柱支撑起拱形大厅，里面放着一排排的长条木椅。正面是传教讲坛，伦敦教区的主教就在这里讲经。大厅的墙壁和天花板，有各种精美的雕刻和豪华的装饰，是由格兰林·吉朋斯指导创作的，而他本人承担了唱诗台上花草水果与人物的雕刻。这些丰富的形植根于哥特式的装饰，却以波动的曲线堆积在主教座上，显示出对巴洛克风格的理解。大厅周围有许多厅室，是陈列教堂文物和教士们办公的地方。站在宽广挑高的中殿里，感受着整体建筑设计的优雅、完美，体会着内部空间的静谧、安详。圆顶下的唱诗班席是教堂中最华丽庄严的地方。天花板上的绘画细腻精致，但是大理石的灰色压倒了穹顶的金色装饰。只有辉煌尽在祭坛，穹顶八幅画用单色描绘了圣保罗的事迹。

1981年，黛安娜与查尔斯的婚礼大典就在这里举行，有如童话般的故事让许多人记忆犹新。如今四十年过去，人事已非，唯有圣保罗大教堂一如往昔地立在河畔，怎不令人感慨？教堂也有一些王公贵族们的坟墓和纪念碑。英国历史上著名的海军上将纳尔逊（1758—1805）和英国首相威灵顿将军（1769—1852）的墓室就在这里。这两位将军都是19世纪初期同拿破仑作战的英雄。纳尔逊在1805年10月21日指挥的特拉法尔加地角大海战，以少胜多，击败了法国和西班牙的联合舰队，打破了拿破仑登陆英国的企图。威灵顿在1815年6月18日指挥的滑铁卢战役，使拿破仑遭到了毁灭性的惨败。对于这两场反侵略战役的胜利，英人至今还引以为荣。在特拉法尔加广场上，树立着纳尔逊将军的雕像，而在教堂里有威灵顿的大型纪念碑。

教堂里静谧安详，地下室有100个石棺，气氛多少显得有些压抑。婚礼、葬礼都在下面的小教堂里举行，在这样的环境里举行婚礼未免有些伤感。但是，黄色的椅子洋溢着温暖，白色的墙减弱了压抑的气氛，有一些墙壁浮雕和躺着的石像描绘着逝者的形象，如世人景仰的南丁格尔扶助伤员的大理石白色像龛、威灵顿公爵的大理石棺、青霉素的发现者弗莱明的墓。地下室中还有宗教的金银玉器的陈列，教堂的模型展等。

顺旋转楼梯上楼，总共627级台阶，楼道比一般的宽敞。上到第一层穹顶，铁栏杆边的拱道已经可以俯瞰外面的城市风景。旁边有耳语廊，对着耳语廊的通孔说话，神奇的回音效果会让你的同伴在其他任一通孔都可以听到回声。再从耳语廊爬上第二层，木梯旋道是狭窄的，上去之后可以眺望伦敦城景色。再上窄的铁梯，悬空的旋转梯上去是第三层石廊，可以抵达塔顶。圆顶底下高出十字楼的部分是一个两层圆楼。底层四周的走廊外面，建有一圈圆形的石柱，顶层则有一圈石栏围拢的阳台，边道宽仅能容纳一人。这里是眺望伦敦市区的绝佳地点。

放眼泰晤士河西岸，高楼峻起，现代建筑起伏错落，不像巴黎平整均齐，却是铁青色的伦敦、灰锈色的伦敦、凝重的伦敦。这也算是伦敦的特点吧。下楼梯，回到地面。因为不允许拍照，所以很难确切地形容。唯一印象深刻的大约就是底层的墓碑了，死亡总是令人印象深刻。台阶下面的小广场上有一座于1712年建立的安妮女王的石雕像。教堂边的空地上一位女青年正在将临摹的《蒙娜丽莎》和一张古代战争油画贴在地上，画边用胶带绷齐如框，连要钱的帽子也在地上贴出四边，认真得令人心敬。画临摹得也还不错，但是游客从边上匆匆走过，很少有人停下脚步欣赏去投下几枚表示赞赏的硬币。

a

a　圣保罗大教堂大厅的墙壁和天花板，有各种精美的雕刻和豪华的装饰，是由格兰林·吉朋斯指导创作的，而他本人承担了唱诗台上花草水果与人物的雕刻。这些丰富的形植根于哥特式的装饰，却以波动的曲线堆积在主教座上，显示出对巴洛克风格的理解。只有辉煌尽在祭坛，穹顶八幅画用单色描绘了圣保罗的事迹。

38.

圣三一教堂

Holy Trinity Church

莎士比亚的受洗与长眠之地

a 莎士比亚1616年安葬在教堂。

b 两排椅子摆在柱廊两侧，祈祷椅前的长枝上放着一本本《圣经》，中间空出大道，直对前方祭坛。

到莎士比亚女儿女婿家“纳什之屋”门口的时候，街上没有一个人。看门上的指示，知道十点钟才开门，于是就溜溜达达往前走，路过一个墓地，看见前面一座教堂尖顶，从树梢上露出来。于是朝那里走去，就走到灰暗矮墙围成的大门了。从大门进去，是一条笼罩在树枝下的直且长的甬道，两旁大树参天，早上刚下过雨，甬道阴湿湿的。地上散落着一些黄叶。两旁草地宽阔碧绿，有无数的墓碑高低错落，墓碑上点缀着青苔，背面上都是岁月的瘢痕，刻字也模糊了，需要细细地辨认。四下里宁静无声，有些碑的弧尖冠头上是三叶花朵，有的碑是十字架形，有的像人脸，仿佛凝视着走过的人。墓碑间有许多丰茂大树，给墓碑营造出一片阴暗天地。

a

甬道尽头，是教堂黑洞洞的入口。走到入口门洞，看侧面墙上的说明，原来这就是圣三一教堂。教堂建于13世纪，是斯特拉特福德（Stratford Upon Avon）最

b

古老的建筑。而北门建于15世纪，里面一道低矮的内门。古老的教堂经过翻修，就显得没有那么旧。教堂两侧柱廊是六棱石柱，形成尖弧拱顶，墙面线条也形成哥特式的向上力。拱顶上是透明玻璃窗，映进此刻惨淡的天光。相反，一层两侧是彩色玻璃窗，有着与灰色石柱石墙相对比的辉光。

两排椅子摆在柱廊两侧，祈祷椅前的长板上放着一本本《圣经》，中间空出大道，直对前方祭坛。主祭坛经过尖弧拱顶，其上是二层木质结构，灰色管风琴的钢管插入木顶。栏木雕饰精细。教堂的顶是木结构，井字形结构担负起顶的铺排。有主横梁，没有通常的壁画装饰。有一位中年妇女正在右侧的廊柱前整理新鲜的花簇，紫红色的玫瑰、白色的马蹄莲，衬着碧绿的叶子，妇人全神贯注，并不注意参观的人。

莎士比亚1616年被安葬在教堂前的圣坛里，靠近主祭坛的地方。主祭坛形成一个方正的堂，很有纵深，以黑白方块交错铺地面，仍是灰白色的墙面，上下两层俏丽的彩窗，彩窗宗教绘画十分精细，以站立人物为主，大部分彩窗色彩并不鲜艳，却描绘细腻、分明，素描般富于层次，窗子轮廓和窗楣雕刻有循环往复的曲线图案，因此看上去十分华丽。祭坛前两侧也有一些小型的雕塑，左侧墙边有石雕台桌，看上去并不引人注目。

祭坛前仍是一个大的彩窗，彩窗描绘了上下两层众多人物，中间是耶稣受难。耶稣的脚下跪着圣母。描绘注重立体的渲染，并不作色彩的铺涂，因此透光好，色彩并不鲜艳，反而营造出一种肃然轻淡的

a

氛围。彩窗下有石质祭台，祭台中央亮着金十字架，金十字架下有粉色鲜花供奉，底部灯烛将金十字架映照得闪闪发光。

莎士比亚的墓地在祭坛左侧的地上，从左到右一字排开：莎士比亚妻子Anne、莎士比亚、Thomas Nash（莎士比亚孙女的第一任丈夫）、John Hall（莎士比亚的大女婿）、Susannah（莎士比亚大女儿）之墓。据说莎士比亚能葬在教堂内荣誉的地方，是由于他在教区内拥有地产权，并非由于他在文学上的成就。几个人聚集在祭坛前的围绳后拍照，反倒忽略了对教堂的观赏。人们围在栏杆前拍照，不知道是该露出高兴还是伤感的表情。激动总是有的，严肃也许就可以了。如果莎翁在天之灵看到后人踊跃拍照的情景，大约也会说一句俏皮话的吧？比如：在自己还得不到幸福的时候，不要靠橱窗太近，盯着幸福出神。

圣坛内靠北墙有传说莎士比亚受洗用过的圣水盆，是15世纪的遗物。圣水盆旁边摆放着记载莎士比亚受洗以及下葬的教区登记簿的复印本，原本由莎士比亚诞生地信托基金机构保管。左侧墙面像龛里有彩绘的莎士比亚雕像：手拿鹅管笔，白领红衣黑坎肩，形象相当平庸，因此并不引人注目。大家只是盯着地面拍照。地面立着金色高烛

a　圣三一教堂彩窗。

b　烛架下立着一牌，黑底白字，是莎士比亚给自己撰写的墓志铭：“看在主面上，请勿动我墓，动者遭诅咒，保护受祝福。”

架，烛架下立着一牌，黑底白字，是莎士比亚给自己撰写的墓志铭：“看在主面上，请勿动我墓，动者遭诅咒，保护受祝福。”此地乃莎士比亚墓穴，蓝线在前框出一个长方形，中间放置有一小盆粉红粉黄的大丽菊花，闻不到花的香气。据说每年的莎翁逝世纪念日，教堂都举行相关纪念活动，往往有数千人众前来献花。

侧堂有像龛，彩绘躺着的人像，雕刻古香古色。教堂后部墙面上挂着一幅油画，描绘的是教堂内部的场景，油画接近素描的感觉，朴素干净，大约是近代的手笔。从教堂里出来，再看树林中的教堂外观，线条方正，教堂主体远没有在教堂内感觉的高，只有四方钟楼高耸，楼体暖黄色石构成轮廓边线和圆形拱窗，墙面则白。分明也干净，灰色的棱形尖顶插在方钟楼上，不沧桑，也不轻佻。但是想到里面居住着莎士比亚，心里就有一些异样的感觉。勤劳一天，可得一日安眠；勤奋一生，可永远长眠。说这话的莎士比亚，必得安眠。愿前来瞻仰的人，不要打扰。

人不过是一个行走的影子。恍恍惚惚的人影踩着湿湿的黄叶走出大门，从侧面草地上穿过去，就来到静静的埃文河边。

b

39.

曼彻斯特大教堂

Manchester Cathedral

闹中取静地重建历史的沧桑

从酒馆岸上往北穿胡同过去，就是曼彻斯特大教堂了。曼彻斯特大教堂是一座中世纪垂直哥特式风格的建筑，是英国圣公会曼彻斯特教区的主教堂，这座一级建筑于1421年开始使用，到2021年正好600年，曼彻斯特大教堂一直是曼城历史的中心舞台。这教堂似乎不屑地背对热闹的高出一些的商业街，隔着一条街，面朝着浑浊发黄的艾威尔（Irwell）河，这条城边的河也在这里拐弯，向西北方向流去。大教堂的侧门开着，从侧门进去，就有穿黑长袍的神父迎上前来，头发花白的神父看上去很是和善，微微含笑地问道，你们来自中国？

曼城的大教堂在第二次世界大战中遭受战火，部分墙体倒塌，战后用了20年修复。所以现在的两侧玻璃窗都是五色玻璃，只有底部墙上的五扇窗户是如同印象派色斑一样的抽象玻璃镶嵌画。基本没有宗教的内容和形象，只是闪闪烁烁地好看，营造出一种神秘华丽的气氛，对比墙体斑驳的黑灰色，显出久远的一点历史感来。整个教堂的石头呈现出沉着朴素的灰紫色。廊柱雕成多棱状，减略了沉重感，算是一点立体的装饰。两个侧堂，左边是军区小礼堂，墙上悬挂着陈旧

a

b

的落满灰尘的各色旗帜，风尘仆仆的感觉。这侧堂顶部的祭坛背后的玻璃镶嵌是火焰般的红色变幻，也是抽象的图案。

教堂的正中坐落了一个中厅，中厅左边石墙上镶嵌了一块千年前雕刻的石头，是稚拙的天使形象。它是教堂在整修的时候，从地底下挖出来的，说明此地很早就有了一个教堂。现在的这座教堂是第三座

a　曼彻斯特大教堂外观。

b　左边是军区小礼堂，墙上悬挂着陈旧的落满灰尘的各色旗帜，风尘仆仆的感觉。

a

a　教堂旧管风琴被炸毁，新管风琴有从6英寸到32英尺高的4800根管子，依次排列得像一面高大的山墙。

教堂，曾是学院教堂，1847年成为城市大教堂。中庭两边是神父们的座椅，台灯的光正照射在台板上打开的《圣经》上，座椅后整体屏风的背板上面的装饰雕刻无比华丽繁复，总体上呈现出一种哥特式的尖耸效果，这可能是教堂最值得细细欣赏的了。祭坛与祭廊间也有颇具特色的中世纪精美木雕。而祭坛本身相比之下就很简单，一张长桌上铺着白布，中间一个金十字架。两边各一支长白蜡烛。白桌布上是粉色弧线交叉的三块装饰布，也是现代风格。祭坛背后教堂顶窗是无色玻璃，上面是几个彩色的宗教人物，最中间的大约就是基督吧？祭坛的右侧墙边有大理石雕像，好像是圣母子一家，木匠约瑟夫抚慰着半躺半坐着的圣母，膝上大约就是刚出生的圣子了，被包裹得严严实实，只露出一张笑脸。

紫色大理石柱上挂着一幅简陋木框的油画，用现代风格画耶稣受难，头两边有日月图形，而脚掌处流出的两道红色鲜血红线之间是蓝色包裹的骷髅。远处是城市的风景。而一些座椅的垫子图案也是鱼鸟或抽象的装饰图形，色彩鲜艳而现代，形成了这个教堂在装饰风格上的独特性，与教堂的历史沧桑感形成对比。

教堂旧管风琴被炸毁，新管风琴有从6英寸到32英尺高的4800根管子，依次排列得像一面高大的山墙，当牧师为一个家庭做完祈祷后，教堂里突然响起管风琴的音乐声，宏大的管风琴音乐回荡在教堂里。雄伟磅礴的气势，丰富的和声，在大教堂肃穆庄严的气氛下，这管风琴的音乐真是能触及人的灵魂，使人不由自主地对上帝产生出敬畏之情。人们离去了，《圣经》被放在一把把椅子上静候着下一次弥撒的到来。

在两个侧面小堂里，都有雕刻的躺着的逝者形象。2007年我第一次参观曼彻斯特大教堂时，曼彻斯特大教堂正和索尼公司发生纠纷，因为索尼公司在暴力枪击的电子游戏中运用了教堂的形象，并且鼓动玩家在这块神圣区域大开杀戒。主教要求索尼向曼彻斯特大教堂道歉，从市场上撤回游戏，或者删除有曼彻斯特大教堂背景的内容，向曼彻斯特大教堂的帮助18至30岁人士项目捐款，向一些曼彻斯特反持枪犯罪行为组织捐款。

这时候看到一位先生正在教堂里画着素描写生。走出教堂，天空仍在沉阴中，有一点苍凉在空气中弥漫。记得在《赤裸》这部电影里，流浪汉强尼唱道：“带我回曼彻斯特，我想回家，回到细雨纷纷的曼彻斯特。”此刻，我就在这若有若无的细雨中，体味强尼那无可言说的怀乡情绪。

40.

圣贾尔斯大教堂

St. Giles' Cathedral

耸立成爱丁堡天际线的最高点

a　圣贾尔斯大教堂。
b　圣贾尔斯大教堂彩窗。

在爱丁堡下榻的旅店，就在高地的步行街边，这倒是方便，一出门上街，就看得到圣贾尔斯大教堂，巍然屹立于皇家英里大道边，有宏伟的外观，墙色深沉浑厚，钟楼在中部高高耸立起来，成为爱丁堡最显眼的地标。教堂前有广场，广场上矗立着宗教改革者约翰·诺克斯的雕像，多次在教堂内宣传宗教改革的诺克斯，高高地站在基座上，从长袍里迈出右腿，俯视着脚下来来去去的众生。

a

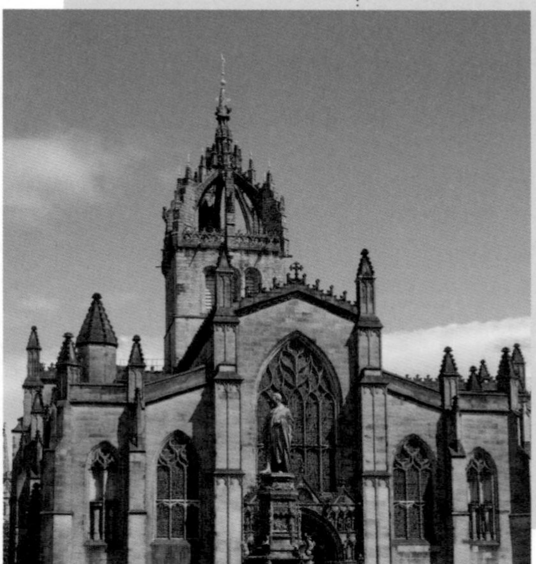

教堂曾遭大火烧毁，1385年重建。塔顶仿照苏格兰王冠设计，要体现它在苏格兰首屈一指的地位。历史上圣贾尔斯教堂是基督教苏格兰长老会的权力中心，身居全世界苏格兰长老会教堂的“母教堂”之位。这爱丁堡的主教堂，也是苏格兰的国家教堂。正立面大门有递进的弧形饰线，其上是雕刻的宗教人物，再上有高拱窗，两侧有细长立柱，形成面的分割，凡转折处均为细立柱，立柱出尖顶，故墙面多变化。大门两侧各有两小拱窗。正立面与小教堂背后立面结构相似。四方钟楼上尖顶拱弧透空，则是仿照苏格兰王冠设计。

教堂内出人意料地朴素，石块墙面斑驳成丰富的灰色，哥特式肋弓柱廊，营造出空旷感和沧桑感，头顶的白色肋弓的穹顶被涂饰成鲜艳的深蓝色，显然是当代修葺所致，与石墙古旧的灰褐色极不协调。据说教堂内装饰在宗教改革期被破坏，所以有些空旷，与偌大空间的单调相对照，彩窗作弱弱的调节，难以抵御整体空间的凝重。彩窗的色彩丰富多样，上下各描绘三宗教人物。手法上，人物被黑线分割成细小区域，有密不透风的感觉。脸部则以立体渲染，苍白无色。窗上部是玫瑰线形装饰。主要的大窗是情节性绘画，如基督布道。人物众多，手法写实，局部的黑线条少了，人物有肤色，衣袍的红色最显眼，从画面中跳将出来。彩窗整个画面被分为六个部分。有一幅耶稣受难和升天的画面，却也生动。侧堂几扇抽象色彩的彩窗，疑为现代人的修补，也许故意放弃修旧如旧的审美标准，追求对比的效果，就像是蓝色的天顶一样，显现出新旧的比照，人老天荒。

祭坛的布置极为简洁，祭台披着白布，除了蜡烛别无一物。祈祷座椅是灰绿色的，感觉有些特别。教堂内有一座洗手盆，是由大理石雕刻的长翼天使半跪捧盆，天使的翅膀和衣裾垂落在基座上，洗手盆和天使的胳膊被触摸得近乎铜色。教堂是一个经常被使用的场所，中午十二点

b

a

a　圣贾尔斯大教堂内部。
b　圣贾尔斯大教堂天使洗手盘。
c　骑士团礼拜堂。

b

有一个短暂的祈祷。朱天文在《荒人手记》里有一个形容很贴切：管风琴先响起来，像天使之翼从高阔无比的堂顶覆垂下来。

祭坛的一个侧堂特别值得参观。被称作蓟花礼拜堂（Chapel Thistle），是20世纪增建的苏格兰骑士团礼拜堂，有非常富丽的祈祷座椅和板壁雕饰，许多哥特式壁板尖顶，尖顶上矗立着小型的着色雕刻人物、怪兽，色彩鲜艳得有些怪异，木版花纹曲线浮雕繁复到极点，形成三面华丽的墙壁，其上有彩窗，倒被对比得不再引人注目了。新哥特式的天花板与饰壁上的雕刻极为精美华丽，风格凝重。石拱顶肋弓上也是雕刻花团，极尽繁复，但是在深黯的空间里，难以一窥细部的景致。从门洞挤进来的参观者，都仰起脖子来看，惊讶得说不出话来，只是交换着眼神。只有像导游似的解说者，兀自滔滔不绝。

41.

圣皮埃尔大教堂

Cathédrale de St. Pierre

加尔文在这里倡导宗教改革

日内瓦圣皮埃尔大教堂位于老城的市政厅街，也是市区的最高处，建于1160年至1232年，成为整个日内瓦最醒目的地标。从日内瓦湖边看，教堂仿佛是城市建筑上涌起的浪峰，醒目而不突兀。教堂原本隶属罗马天主教会，16世纪宗教改革时，日内瓦是宗教改革家加尔文的根据地，所以圣皮埃尔大教堂变成新教的教堂。

a

圣皮埃尔大教堂融汇了多种建筑风格：原建筑以罗马式风格修建，拱门是哥特式的，18世纪加建的正门则有希腊—罗马式的圆柱，粗大而高耸。相比之下，三角破风倒显得不成比例的小。青灰色调的砖石建筑让教堂显得朴素而又威严。三扇大门也许象征着三位一

体。教堂前的广场不大，看得见一点类似罗马万神庙的穹顶，却无法望见其后的尖塔，如果从侧面和后面看，粉绿色的哥特式尖塔如同尖锥，锋利地刺向天空，与正立面并不相协调。教堂前的广场在日内瓦登城节时热闹非凡，游行的队伍最后汇聚在此，点燃架起的篝火，唱诗班在教堂前的台阶上列队歌咏，吸引了无数的市民和游客。登城节是每年12月11日夜到12月12日，这个时辰的夜空是幽深寒冷的。

新教神学家加尔文1536年至1564年曾在教堂布道20多年，教堂还有他用过的椅子和座位，所以这里也是新教最初的根据地。1536年，加尔文来到日内瓦。此时日内瓦宗教改革运动正进行得如火如荼：废除弥撒、拜圣像、售赎罪券等；改进礼拜仪式和教会组织，加尔文成为新教社会的导师和领袖。但是，当地天主教的势力依然强大，造成新旧两教冲突不断。当局先是禁止辩论会的召开，接着开始迫害更激进的再洗礼派，平民运动遭到了严酷镇压，加尔文教派也受到了不同程度的迫害，加尔文本人也被迫离开。后来，宗教改革派在日内瓦终于掌握大权，市政当局于1541年向流落在外的加尔文发出邀请，加尔文便重回日内瓦，开始了自己的改革。他首先把教会解脱出来，不再受制于罗马教皇，也不再受制于诸侯，通过选举产生教职。信奉加尔文派的组织，完全实行政教合一的体制，日内瓦发生了根本性的转变，成了一个政教合一的神权共

b

a　圣皮埃尔大教堂位于老城的最高处，成为整个日内瓦最醒目的地标。从日内瓦湖边看，教堂仿佛是城市建筑涌起的海浪的尖，醒目而不突兀，是好看的。

b　大教堂融汇了多种建筑风格：原建筑以罗马式风格修建，拱门是哥特式的，18世纪加建的正门则有希腊—罗马式的圆柱，粗大而高耸。相比之下，三角破风倒显得不成比例的小。

a

a 新教神学家加尔文在日内瓦完全实行政教合一的体制，日内瓦发生了根本性的转变。1555年以后，加尔文成了日内瓦城事实上的主宰。图为日内瓦大学内的宗教改革纪念碑墙，左二为加尔文的雕像。

b 所有侧廊的彩窗都是繁复的图案，而不是宗教的人物。横厅耳堂上方有绚丽无比的大玫瑰窗，紫和蓝的色调，有令人惊叹的美感，宛若一朵巨大的、幽暗中盛开的玫瑰花，燃烧着静止的烟火。

和国。国家法律和宗教纪律，成为约束人们行为的两条准绳，在那个时候通奸是严重的罪行，赌博、酗酒、唱下流歌曲也被禁止。由此，1555年以后，加尔文成了日内瓦城事实上的主宰。不论是城内的教会，还是行政当局都要拜伏在他的法杖之下。加尔文唯我独尊，也不免苛刻地打击教敌和“异端”。一段时间里，日内瓦成为新教的中心，被称为“新教的罗马”。在不远处的日内瓦大学的宗教改革纪念碑墙，建于1909—1917年，就是为纪念宗教改革先驱者加尔文诞生400周年。墙中四个高大的宗教改革人物雕像，从左边数第二个便是加尔文。

由于加尔文的新教提倡简单朴素的作风，除了彩绘玻璃窗之外，所有的装饰物都被粉刷成白色与灰色。圣皮埃尔大教堂有深邃的空间，但是，相比这偌大的空间，几乎毫无装饰的灰墙白顶就显得太朴素了，只是中庭上层营造了一排浅显的、小得不成比例的连拱廊。空间的灰色营造了巨大的现实氛围，这氛围是静穆的、自律的、收敛的、洁净的，并不是贫瘠的结果，却是自我的约束与选择，与奢华隔绝，与喧嚣远离，归于一种无言的平静。这教堂的里与外形成了对比，到底显得万神庙式的外观过于壮丽，表里是不符的。

只有高高的彩色玻璃窗是炫耀的。这一方面体现出新教崇尚的俭朴生活，另一方面却也显示出设计的刻意，好像巨大的灰色都只是为了陪衬灿烂天堂的色彩。与空间和墙面相比，彩窗是小的，似乎在尺

b

a

b

a 唱诗班座椅，木头椅子面是活动的，可以翻起来，下面有高浮雕头像和动物像。

b 教堂的祭坛是简洁的，祭坛上只是摆放了一个横柜，横柜上斜架着一部大部头的《圣经》，《圣经》翻开在第584页。古老的字体，纸色已经泛黄，这部法文版看上去有些年头了。

c 唱诗席的屏幕雕刻十分精美，其中雕着一排圣徒像。

寸上都是吝啬的，并且，所有侧廊的彩窗都是繁复的图案，而不是宗教的人物，这也是新教与天主教的不同吧。只有在祭坛的半圆祭堂，彩色玻璃窗是单个人物的描绘，一共有七扇。正中的三扇，色彩异常鲜艳，两侧的四扇则黯淡了许多。最左侧的彩窗在祭坛正面的角度看不到，因为看不到，所以就不够重视，色彩已经是湮失掉了，与正中玻璃窗的鲜艳如新相比，流露出失修寒酸的样子。横厅耳堂上方有绚丽无比的大玫瑰窗，紫和蓝的色调，有令人惊叹的美感，宛若一朵巨大的、幽暗中盛开的玫瑰花，燃烧着静止的烟火。游客们会情不自禁地拍下来，但是，这黑暗中的瑰丽是无法带走的，只有推开沉重的大门，走到它的下面，抬头仰望它，你才能体会到这永不凋谢的美丽。其他彩窗的色彩也是好看得很，超过了教堂两侧的彩窗，似乎不是同一个时期的作品，即使同样都是纷繁的图案与色彩。阳光将鲜艳的色彩投射在墙柱上、地面上，让深黯的空间里有了一点温暖的幻想。

与彩窗相比，教堂的祭坛是简洁的，祭坛上只摆放了一个横柜，横柜上斜架着一部大部头的《圣经》，《圣经》翻开在第584页。古老的字体，纸色已经泛黄，这部法文《圣经》看上去有些年头了。《圣经》的上空悬吊着烛形小灯组成的圆环形吊灯，好像耶稣头顶的光环。但是，新教是不放置耶稣像的。教堂起支撑作用的集合墩柱被设计成成扎、细小的圆立柱捆绑在一起的模样，消解了通常立柱沉重粗大的感觉，增加了轻盈升华的气势。这朴素与单纯就显示出这是精心的设计，而非真正的质朴。天顶被拱肋分隔成一格格十字交叉的连拱廊，也是没有任何装饰和天顶画，是朴素到底的处理，让你的目光不在次要处停留，只是注意祭坛和窗户。

进去的时候，教堂刚刚举行完仪式。牧师穿着黑袍，在门口和信众告别。工作人员正在把一本本《圣经》收起来，放在右侧雕饰繁华的座椅木柜里。这一排的唱诗班座椅是有雕饰的，木头椅子面是活动的，可以翻起来，下面有高浮雕头像和动物像。唱诗席的屏幕雕刻十分精美，其中雕着一排圣徒像。这一排座椅与左侧柱子上的木布道台，都是教堂中雕饰精良得有些奢侈的装置了，仿佛想告诉人们，我能够奢华，但是我要求质朴。非不能也，是不为也。

教堂的左侧耳堂，边上有门，可以买票走楼梯到教堂顶。前不久教堂还组织人们登顶，一个星期就有数千人参加。右侧靠大门则是圣皮埃尔大教堂最早的地下遗址参观所。教堂顶我也登上过，可以将日内瓦的所有景色一览无余；地下遗址我也参观过，无非是废墟石头和残存的镶嵌画。像这样的遗迹中国太多了。我这样比较，连自己都觉得太多愁善感了。

c

42.

圣母院

Basilique Notre-Dame

不排他地相信一切美好真善

a　日内瓦圣母院在繁华的街上独自占据一方土地，周围是车水马龙的街道，教堂就好像一个孤岛。它正面临街，高高的台阶上是正门。整个建筑的石头色彩是一种带点黄色的灰白，显得干干净净，一点没有历史的沧桑和沉重。

日内瓦圣母院在火车站附近，在繁华的街上独自占据一方土地，周围是车水马龙的街道，教堂就好像一个孤岛。圣母院侧门外倒有一片草地和阴凉，台阶上坐着背包旅行的年轻人，正奋力地掰干硬的面包，旁边徘徊着一只充满渴望的灰鸽子。圣母院正面临街，高高的台阶上是正门，教堂建于1857年，历史不算长久，也不能和巴黎圣母院外观相比拟，外观自然是毫不起眼的小。一圈从墙面突出的飞扶壁使得教堂的侧面和背面都富有变化，似乎并不以正面为基准变化，形成一幅愉快而又奇特的图像。飞扶壁的作用在于支撑墙面，替内部支撑的廊柱和墙壁分担重量，也就使得更多侧窗得以出现。但是在这个教堂，却被作为一种故意的外观造型加以运用，分割了整体大块的墙面。

a

b

c

整个建筑的石头色彩是一种带点黄色的灰白，显得干干净净，一点没有历史的沧桑和沉重。进去之后才发现自有一种精致的美妙。哥特式的内部结构，中庭两边是多圆的菱形廊柱，两侧是双曲线圆拱，统一都是灰色的砖墙，白灰的抹缝都故意做得清清楚楚，也就成了装饰。质朴的色调，对比出彩色玻璃窗的绚丽多彩。玻璃窗是繁多的，沿着墙面有上下两排。彩色玻璃画里的人物用素描的方式描绘，造型有力，色彩鲜艳得炫目。有特点的是，中庭上部的彩色玻璃窗是现代的平面抽象图案，图形简约，色调概括而高调，比起传统色彩要和谐而优美；前庭的玻璃画是轮廓粗大奔放的风格，宛若表现主义绘画，人物构图更具变化，色彩更多样；而素描似的玻璃画则是比较拘谨的两人对称式构图。这样看，玻璃窗画就有三种风格了，虽然并不十分和谐，但都紧紧地围绕不同时期宗教精神的表现。如此精心的设计，也许真的是为了一个目的：“促使我们从物质上升到非物质。”

b 日内瓦圣母院自有一种精致的美妙。哥特式的内部结构，中庭两边是多圆的棱形廊柱，两侧是双曲线圆拱，统一都是灰色的砖墙，白灰的抹缝都故意做得清清楚楚，也就成了装饰。

c 依托在廊柱上的木制讲经台，和唱诗班椅座一样，都是教堂的朴素里流露出来的一点华丽与精致。

a

祭坛是简洁的，灰色的亭台上摆放着一张桌子，铺着一块洁白的编织桌布，上面空无一物。桌子上方悬吊着一具耶稣受难像——褐黄的身体隐没在灰黄的灯光里，但是背后的祭堂却十分华丽——墙壁贴着黄红两色图案的壁纸，有五扇精美的彩色玻璃窗。祭坛基座是灰底金饰教堂的模型，上方正中站立着白色大理石的圣母像，没有通常教堂祭坛上的鲜花和烛台，避免了俗气，却是十分整洁端庄。游客和信徒悄悄地走进来，教堂里没有一丝的人声。一位穿白衣的妇女跪在祭坛边的台阶上，仰望着半空中的耶稣像，默默地祷告。几个老妇人坐在圣母祭坛边的椅子上，与圣母交流着眼神，红色的小圆盒烛火在面前的烛火台上闪闪烁烁。

一会儿将有一场葬礼，人渐渐多起来，男士都穿着黑色的西服，女士也穿着暗色的服装。葬礼快开始了，来人分左右两侧入座。左侧是朋友，右侧是亲人。仪式开始时，教堂里放起了音乐，一个男歌手用略带沙哑的苍凉的喉咙唱道：“你们能听到我吗？我和你们在一起！”唱词反反复复着，歌声在教堂上空回旋不绝，那么凄凉又那么

有力，那么绝望又那么热烈，分不清这究竟是人世的音乐，还是天国的歌声。也许在葬礼过后不久，城市的公墓里就多了一块红棕色的墓石，上面会刻上逝者的姓名和生年卒月。墓石旁会放有两个防风的灯架，前面有一个小花台。亲人们会到他墓前祭扫，点上两支蜡烛，放上一盆鲜花。亲人们默默地站在墓前，和死者进行心灵的对话。

仪式结束过后，黑色的殡仪车缓缓在街上行驶，死者的家属跟在后面，随后是参加仪式的亲朋好友。路上的行人也致以注目礼。生活还是在继续，天上的阳光穿过阴云投射下来。陪同我参观的朋友是虔诚的信徒，见我沉默着，她问我："你经常去教堂吗？"

我说："当然了，凡是旅游到一个城市，我总是参观博物馆和教堂。这是两个让我获益匪浅的地方。但是我经常去可能不是你所说的意思。"

"你读过《圣经》吗？"她又问。

"读过。在我家里，有《圣经》，有佛经。"我答道。

"那你信仰什么呢？"朋友有些疑惑地看着我。

a　彩色玻璃画色彩鲜艳得炫目，中庭上部的彩色玻璃窗是现代的平面抽象图案，图形简约，色调和谐而优美；前庭的玻璃画宛若表现主义绘画，人物构图更具变化、色彩更多样；而素描似的玻璃画则是比较拘谨的两人对称式构图。这样看，玻璃窗画就有三种风格了，虽然并不十分和谐，但都紧紧地围绕不同时期宗教精神的表现。如此精心的设计，也许真的是为了"促使我们从物质上升到非物质"。

a

是啊，我信仰什么呢？这是一个难以回答的问题。《出埃及记》和《古兰经》都有关于唯一信仰的描写，但相信上帝存在并不等于信仰上帝，上帝是人创造的，而不是上帝创造了人。

18世纪的哲学家伏尔泰就已经说过，他信仰一个作为物理学假说的上帝，权且，我们把这个无法知道的宇宙主宰名之为上帝。

“不要质疑他，你信了，上帝就会给你以见证。你应该信上帝。”朋友笃定地说。

接下来的第一个周末，我的朋友叫我和她一起去教堂。那天将在教堂里为她朋友的一个孩子洗礼。我坐在狭窄、坚硬、光滑的长椅上，与朋友共用一本《圣经》，听神父讲经。之后，随大家一起起身唱赞美诗，我不会唱法文赞美诗，只好呆立着，嘴里哼着音调，而后再坐下听，再站起来唱，反复了几次，像木偶一样浑身不自在。洗礼的时候，神父抱着赤裸的婴儿，放进石盆的水中，然后托起来，圣水刚洒到孩子毛茸茸的头上，婴儿发出了石破天惊的大哭，哭声在教堂的穹顶间回荡。

我在20世纪末就读过法国18世纪香槟省埃特列平神父让·梅叶的《遗书》。让·梅叶是一个善于思考的人，在《遗书》里激烈但是诚恳地抨击了宗教的迷误，论证了上帝并不存在的理由。马克思在《黑格尔法哲学批判》中写道：“人创造了宗教，而不是宗教创造了人。就是说，宗教是还没有获得自身或已经再度丧失自身的人的自我意识和自我感觉。”丹麦哲学家索伦·克尔凯郭尔的基本观点是：成为宗教信徒，意味着做出一种激情的个人抉择，要置一切证据甚至理性本身于不顾，来实现“信仰的飞跃”。这些质疑都让人思考：要不要有

a　圣母院里古朴的石雕洗濯盆。

b　祭堂十分华丽，墙壁贴着黄红两色图案的壁纸，五扇精美的彩色玻璃窗。祭坛基座是灰底金饰教堂的模型，上方正中站立着白色大理石的圣母像，没有通常教堂祭坛上的鲜花和烛台，避免了俗气，却十分整洁端庄。

宗教信仰？又如何理智地确立一种好的宗教信仰？在欣赏宗教艺术时都会反复地思考这些问题。而我最终决定不排他地相信：自然与艺术适合于接纳一切被放逐的灵魂。

b

43.

玛德琳娜教堂

Eglise La Madeleine

做人权主题绘画的万徒勒里

a 智利画家何塞·万徒勒里做彩色玻璃窗创作的教堂——玛德琳娜教堂，位于日内瓦老城。

a

在日内瓦认识了一对从国际组织退休的华人夫妇。有一次在他们家做客，无意中说到他们认识的一家外国人，夫人晚年习画，和智利画家何塞·万徒勒里是好朋友。我上大学时，对万徒勒里的画耳熟能详。万徒勒里在1953年作为亚太区域和平代表大会常务副秘书长常驻北京，我曾经在校刊《美术研究》2003年第一期中葛维墨《往事拾遗》里读到过这样一段："那时还有一位特殊人物，智利画家万徒勒里在美院画画。他是与墨西哥的奥洛斯科、里维拉齐名的南美三大壁画大师。他们的画风有着强烈的地方色彩、艺术观点和表现手法，有形式主义、表现主义倾向……我们曾多次到后面研究部的平房中偷偷看万徒勒里作画，在正面墙的大画布上，画满了振臂高呼的南美人民。屋外响着马达声，万徒勒里用喷枪在画布上喷颜色……他和夫人同出同进，和美国电影《卡

b

萨布兰卡》中那位流亡在国外的革命者十分相似。”万徒勒里于1965年回到智利，之后经常应邀来中国访问，受到当时的国家领导人毛泽东、周恩来的接见；1955年10月和1973年7月，万徒勒里两次在中国举办画展；1973年9月13日智利发生军人政变，利皮诺切特当政，万徒勒里携全家移居瑞士；1988年9月17日在北京逝世；2005年万徒勒里的画展再次在北京举行。

“如果你有兴趣的话，我可以带你去拜访一下那对夫妇，他们家还挂着万徒勒里的两张画呢。”夫妇俩说。我当然对这个在中央美院画过画的画家感兴趣。于是约好了一天，夫妇俩开车带我去这家拜访。学画的女主人叫香达尔，男主人叫卡洛斯，墙上挂着万徒勒里的两张小油画，一张画画的是半个人的侧脸，大部分空间是灰底，上面画了一个深蓝色的圆弧；另一张画画面的左边是一对情侣，依偎着站在沙滩，大部分画面是暗灰色的海，在海平线上有一道如若曙光的白色。都是比较平涂的手法，色彩概括一如万徒勒里的版画风格。

闲谈起来，男主人拿出了中国出版的万徒勒里画册，不经意地提到万徒勒里曾经给这里的一个教堂画过玻璃画。这引起了我的兴

b　万徒勒里在教堂玻璃窗前创作的照片。万徒勒里被认为是南美三大壁画大师之一。他的画风有着强烈的地方色彩，艺术观点和表现手法有形式主义、表现主义倾向。

c　万徒勒里《你不再是两个，只是一个》。

c

趣，追问细节，卡洛斯老先生就细细道来。玛德琳娜教堂在日内瓦老城。主教有一次参观万徒勒里的画展，被万徒勒里的画打动，心想，既然有这样一个著名画家在这里，为什么不请他来给教堂失修的彩色玻璃窗作画呢？主教找到了万徒勒里，说明了自己的意图，万徒勒里听了，沉思片刻，对主教说，恐怕他不能够答应，因为他不愿意作宗教画，而如果教堂可以接受有关人权内容的画作，他倒是可以考虑。主教沉思片刻，认为这是可以的，但是要回去向教堂的捐助委员会陈情，然后再做定夺。教堂的捐助委员会希望主教能够回答几个问题：为什么要请一个外国画家来做教堂的玻璃画？为什么用人权内容主题代替宗教主题？作画的资金需要如何解决？当委员们知道万徒勒里颇有影响，并且表示如果采用人权题材，他可以分文不取并将这些玻璃窗画献给教堂后，他们同意了将教堂玻璃画委托给万徒勒里创作。万徒勒里认真地了解教堂彩色玻璃窗画的特点和技法，并为此做了许多草图和色稿。完稿后，由于原稿色彩丰富，最后由工人挑选上百种彩色玻璃予以完成。

介绍完，卡洛斯夫妇热情地说想要带我去教堂，不愿麻烦他们，我说改天我自己去吧。一些艺术家和教堂有着不解之缘，野兽派画家马蒂斯因病接受一个名叫莫尼克的修女护士看护，从而为旺斯的罗塞尔小教堂创造了一个有明亮彩色玻璃窗、画满壁画的美丽空间，从此便吸引了世界各地的人们前去参观。马蒂斯的叶子、植物生长的图形适合于装饰性的彩色玻璃窗，是唯美艺术的，马蒂斯自己说“我唯一的信仰就是对创作完全真诚的爱。”而万徒勒里的彩色玻璃窗画却有着更强烈的主题性和深厚的人文性，但并不太为人们所注意。

玛德琳娜教堂在日内瓦市中心同名的街上，和最繁华的商业街仅一街相隔。再往上就是圣皮埃尔大教堂。教堂所处的地方是拥挤的，外观看上去像谷仓。教堂的背后，有一个极小的广场，广场上是儿童的木马转轮游乐场，伴随着轻扬的音乐，孩子们在木马上快乐地摇

a

晃。在教堂土红色石墙下，一只老麻雀蓬乱着羽毛，懒洋洋地晒着太阳。平日里教堂是不开放的，这是瑞士德语区人在此地的教堂，快11点的时候，教堂的钟声响起来，当我走到门前，教堂的讲经仪式刚刚完毕，穿着黑袍的牧师在门口和信众们告别。

走进教堂，我还是被教堂的朴素震惊了，教堂就像一间谷仓，没有廊柱，灰色的基石和白墙，几乎没有什么装饰，祭坛前空无一物，只是后堂墙上挂着一个灰棕色的十字架，三扇彩色玻璃窗。哦，我记得我来的目的了。实际上万徒勒里的几扇彩色玻璃窗画都在祭坛右侧的祭堂里，万徒勒里一共为教堂作了7幅绘画。这7幅画的主题是：①压迫的不幸；②向人道主义者致敬；③我渴极了，你可以给我一碗水喝；④痛苦和暴力的消失；⑤你不再是两个，只是一个；⑥追求真理；⑦牺牲的痛苦是为了新生活的创造。在画面中居然出现了镇压民

a　分别为万徒勒里的《向人道主义者致敬》《我渴极了，你可以给我一碗水喝》《压迫的不幸》。

众的宪兵，戴着钢盔牵着狗，一反宗教画都表现圣徒与圣迹，但是总体上也还是温和的、协调的，并没有南美革命画家那种强烈、激愤的情绪与夸张的造型动作。

彩色玻璃在12、13世纪大教堂的玻璃窗中就已经被大量运用。单片的玻璃很小，用铅条拼接在一起，因此，铅条就成为整个设计的一部分，没有铅条的连接，色彩就会混在一起，构图也不会那么清晰。当光线透过多彩的玻璃窗射入时，又会被铅条分散切割，形成一片片轻快闪烁的效果。铅条作为黑色的轮廓存在，也给一些画家形式的启发，如法国画家鲁奥宗教题材的绘画，把轮廓变为粗大的黑线，框住浓烈的色彩。近代的玻璃画，大块的玻璃已经不成问题，铅条的作用仅作为轮廓形式，而不会有更主动的应用，因此万徒勒里运用更多的曲线轮廓，更好地与人物的形态相结合，让铅条细微，让色彩突出，绘画里失去了那种艳艳的红，色彩是朴素的，比较温和，成色调，有着丰富的立体性。这是通常的宗教玻璃画所没有的，相比一般宗教画，其强调了空间和透视。

在正面教堂的两侧上方，彩色玻璃画还是宗教的题材和传统的绘画风格，不过是造型线条更加粗放一些。应该是近代的风格吧，但是比万徒勒里的色彩鲜艳多了，也多用原色，很像和马蒂斯一样是野兽派画家的鲁奥的绘画风格。不过这是教堂唯一能够让人感到奢侈华丽的东西了。显然，这是一个基督教新教的教堂。万徒勒里的画不是教堂主要的玻璃彩窗画，如果我说成是万徒勒里的教堂，恐怕是不准确的。但即使如此，教堂也是足够有勇气的了。所以失望之余，我又作如是想。

在《新约·马太福音》里有这样一段话："你要尽心、尽性、尽意，爱你的神。这是诫命中的第一，且是最大的。其次也相仿，就是要爱人如己。这两条诫命是律法和先知一切道理的总纲。"上帝的戒律中有"不可杀人"。那么，万徒勒里绘画的主题正是在这个总命题之下。

a 分别为万徒勒里的《追求真理》《牺牲的痛苦是为了新生活的创造》《痛苦和暴力的消失》。

或许，这便是教堂采纳万徒勒里绘画的缘由吧！

当我走出教堂时，背后的大门又被锁上了，门前的一棵巨大的槐树遮掩了教堂的前脸，已经开始落下发黄的秋叶来。

a

44.

圣安东尼教堂

Chiesa di S. Antonio

窈窕的白色圣母在合掌祈祷

卢加诺是瑞士靠近意大利边境的一座城市，同时也是瑞士南边与意大利接壤的一个湖边乐园。城市建于公元6世纪，是瑞士意大利语区提契诺州的核心地区。这个卢加诺不是举行国际电影节的那个洛迦诺，虽然都在意大利语区，相互离得并不远。坐火车到卢加诺要经过意大利，卢加诺火车站在半山，出站就看到对面的山城，整个城市在巍峨高山的怀抱和奇花异草的簇拥之中。美丽的建筑从半山上逶迤下来，布满了山谷，旁边就是妩媚的卢加诺湖。在卢加诺湖畔，绿地花园小景、雕像与岸边成排的游艇构成了一道风光秀丽的景色。湖周围耸立着像岛屿一样的青翠的山。卢加诺的美丽一下子就打动了我。

a

从火车站口坐电缆车，直直地下到城中的小广场，在热闹的商业步行街上转悠，然后找到了圣安东尼教堂。每到一个城市，我总是最先参观教堂，即使是风景迷人的地方也是如此，似乎在教堂里，我可以清晰感受到这个城市历史脉搏的跳动。

圣安东尼教堂在城中心，紧挨着街边，没有台阶，红砖墙的立面，几乎没有装饰，因此不引人注目。推开门进去，教堂里并不大，两排祈祷长凳占据了教堂的大部分空间，一排排长条凳前的搁板上，靠边整齐地摆放着《圣经》，静候着前来祈祷的人们。祭坛上供奉的是十字架，十字架的后面是耶稣下十字架的油画。油画的画面是昏暗乌涂的，仿佛是颜色氧化的结果，只看得到穿着蓝衣的圣徒左手指向深黯的天空，嘴里诉说着什么。下面的情景看不清，大约也还是耶稣刚被抬下十字架的情景，这是悲恸的时刻，天地也为之晦暗了。右侧的像龛供奉了白色的圣母合掌雕像，背后的油画衬托着圣母窈窕的身姿。我很少用“窈窕”这个词来形容雕塑，它也许是这个教堂雕塑的特点吧。

侧厅和墙壁上有几幅油画，从技巧上看也许是近代的，算不上是名作。左侧的墙面上有布道台，后面是耶稣受难的雕像。除了油画和雕塑外，教堂的整个内部空间是朴素的。从门口进来两三个妇女，在两边的净水石盆里面用手指沾了水，在额头和胸前点画着十字，然后走到长凳前，跪在上面默默地祈祷，教堂里是没有人作声的。街上的喧哗被隔绝在门外，在祭坛前，一支支红烛默不作声地摇曳着。

a　圣安东尼教堂在城中心，紧挨着街边，没有台阶，红砖墙的立面，几乎没有装饰，因此不引人注目。

b　圣安东尼教堂右侧的像龛供奉了白色的圣母合掌雕像，背后的油画衬托着圣母窈窕的身姿，它也许是这个教堂雕塑的特点吧。

b

45.

圣罗可教堂与圣卡尔罗教堂

Chiesa di San Rocco & Chiesa di San Carlo

明亮简朴的教堂与美丽的湖

从圣安东尼教堂里出来往右拐，过了中心邮局还是右拐，然后往左顺科诺瓦（Canova）街走两步，就来到了圣罗可教堂。教堂的门脸是白色的，干干净净地迎接着参观的游客。圣罗可教堂比较大，令人印象最深刻的是教堂的明亮，似乎比圣安东尼教堂更有人气，更有世俗的气息。祭坛周围的穹顶天窗撒下明亮的天光，让祭坛也不同寻常地亮起来。

a

教堂里的祭坛的设计，需要有一个统一的格调，圣器、鲜花、蜡烛的纷乱杂陈，似乎也是美学态度的陈列，尽管是虔诚，仍然也让审美的眼睛无所适从。从这一点上讲，似乎新教的教堂，更有朴素整体的面貌，而朴素，恰恰展示了对上帝虔诚的另一种态度，与奢华相对。白色的穹顶、白色的墙，绘上了金色的线条图案，让教堂看上去洁净中透出了一点华丽。在这样的教堂里祈祷，心情大约是轻松的吧。教堂的空间是大

b

的，排列了三排座椅。一个穿白色衣袍的修女坐在长椅上一动不动，沉浸在他人莫知的冥想中。游客蹑手蹑脚地走过去，不敢发出一点点声响。

从教堂里出来很快就来到了湖边，卢加诺美丽的湖似乎比教堂更能消愁。教堂带来的并不是轻松的心情，但是湖光山色立马就打动了游客的心。游人如织，阳光明媚下的湖水犹如果冻，粉绿色的水泛起的波纹是凝重的，一点也不破碎。湖对面矗立起一个三角形的青山，青山下是美丽的房屋。湖上白帆点点，空中彩色的滑翔伞鸟一样的悠然。在一条小街上找到一个小教堂，这个小教堂离湖比较近，教堂的名字叫圣卡尔罗，大约也是游人不至的地方，只有当地的信徒们来礼拜吧，教堂比圣安东尼教堂还要简朴，干干净净的白色墙面挂着几幅油画，供奉的烛火也少。只是侧面墙上挂着几幅深褐色的木板浮雕，描绘耶稣的圣迹，大刀阔斧的手法，是现代的风格。似乎教堂并没有太多的历史，起码从表面上看不出来，其他几乎没有什么可以提到的地方。

c

a　圣罗可教堂的门脸是白色的，干干净净地迎接着参观的游客。

b　圣罗可教堂里的祭坛的设计，需要统一的格调，圣器、鲜花、蜡烛的纷乱杂陈，似乎也是美学态度的陈列，尽管是虔诚，仍然也让审美的眼睛无所适从。

c　圣卡尔罗教堂大约也是游人不至的地方，只是当地的信徒们来礼拜吧，比圣安东尼教堂还要简朴。

46.

圣洛伦佐修道院与伊玛克拉塔教堂

Cattedrale San Lorenzo & Chiesa dell Immacolata

半山的修道院与小街的教堂

a 圣洛伦佐修道院的正面是16世纪时建造的，平板方正的立面是白色的，每个门旁有两座白色使徒雕像。立面的上方是圆形玫瑰窗。

卢加诺最大的教堂是半山腰的圣洛伦佐修道院，它的历史可以追溯到9世纪。高大的白色钟楼，墙上有金色的钟表指针，青绿色的圆顶，在火车站前就看得到，紧挨着上下的电缆车隧道。教堂前有平台，可以眺望卢加诺的城市、湖景跟山景。教堂的正面是16世纪时建造的，平板方正的立面是白色的，是清新洁净的模样。三门，每个门两旁墙上各有一个白色使徒雕像。

立面的上方是圆形玫瑰窗。从主门走进去，满教堂是丰富多彩的图案和图画彩绘，墙上和方形廊柱上布满了壁画。紫色纹理的大理石柱子增添着华丽的视觉感，也没有什么雕塑，奢华只是彩绘营造的结果。侧堂也装饰得华丽，当然，塔状的祭坛也是华丽的，像龛里是圣母与圣子，白色的雕像。祭坛的穹

a

b

b 满教堂是丰丽多彩的图案和图画彩绘，墙上和方形廊柱上布满了壁画。紫色纹理的大理石柱子增添着华丽的视觉感。塔状的祭坛也是华丽的。

a

顶是明亮的，周围的玻璃窗是透明素朴的，因此有更多的采光。只有侧堂有彩色玻璃窗，营造的气氛就明亮轻松了一些。

返回坡下的城中，看到的伊玛克拉塔教堂在佩里小街（P. Peri）上。教堂紧贴在街面上，教堂的木门打开着，似乎是无声的招呼。在街上一眼就看得到教堂深处，祭坛上的灯火闪烁，把圣母的雕像映照得通红。圣母的雕像衣带飞扬，有些洛可可的装饰艺术风格。不由自主地走进去，却看到——最朴素的教堂——没有什么装饰与圣物，柱子上和墙上有一些脱落失色的壁画，似乎有一些年代了，勾线填色，有些地方已经剥落了，褪色很厉害，是无法修补的模样。墙边还有一些用水质颜料描绘的耶稣圣迹，画幅大约是尺把宽，顶上收成尖龛形状，风格和形象看上去如同中世纪的湿壁画。紫红的大理石柱和白色的穹顶，让人感觉没那么黑。教堂的两边有深的侧堂，供奉的是油画描绘的耶稣像，估计还是近代的手笔。引人注目的是墙上几幅半圆的彩色玻璃窗，简单鲜艳的色彩，概括粗放的人物造型，多少有点德国表现派的木刻味道。

b

c

d

看上去是当地人，走进教堂去礼拜，不声不响地坐下来，低着头在心里默默地祈祷。一个年轻的妇女牵着两个漂亮的女儿来礼拜，两个孩子的表情是欢快的，好像阳光一样照亮了教堂。

顺着这条街往前走，街口路对面有一个教堂，但是今天不开门。据说还有圣玛利亚·德里·安杰利教堂（Chiesa di Santa Maria degli Angioli），是15世纪时的修道院，可以看到16世纪绘画巨匠卢伊尼绘制的壁画，却也没有来得及去看看。

a　圣洛伦佐教堂边上的流泉饮水处，墙上也有圣母像。

b　圣洛伦佐教堂广场雕像。

c　在街上一眼就看得到教堂深处，祭坛上的灯火闪烁，把圣母的雕像映照得通红。圣母的雕像衣带飞扬，有些洛可可的装饰艺术风格。

d　墙上有一些脱落失色的壁画，似乎有一些年代了，勾线填色，有些地方已经剥落了，褪色很厉害，是无法修补的模样。

47.

迪翁教堂

Temple de Divonne

美丽小镇上有一个温暖教堂

隶属法国的迪翁离日内瓦并不远，从住处开车半个多小时就可以到达。中间经过小小的海关，瑞士和法国海关都没有人，房子形同虚设地摆在那里。到达迪翁，把车停在公共停车场，溜达到主街上去散步。街上的人并不多，但是街道漂亮极了，地面铺设的各种砖让人行道、车行道、排水道都成了色彩、形状好看的镶嵌。做这工作的工人，如同过去在教堂里做马赛克镶嵌，分明是在地上作画，着实讲究得很。街道两边的栏杆上挂满花盆，或者是摆着一排排花池，让人感觉走在花园中，总是五彩缤纷的好看。这城市不仅是画，而且是画中的花园。

a

今天是星期天，街上的商店不开门，但是门面都粉刷得鲜亮，橱窗也都布置得雅致，好像一个个画廊，等着你来参观。顺一条石块铺路的街下去，来到一个小广场。广场中心有一座圆柱形

b

的纪念碑，为纪念第一次世界大战的将士，圆柱两边有人像和高卢公鸡的雕塑，迪翁教堂就在广场边静静地待着。教堂的立面着实简单，一个屋顶、两边倾斜的白色墙面，中间突出一个白色长方形钟楼，下面就是教堂的大门。钟楼一节节而上，中间嵌有时钟，上面是一扇窗，窗前突起白色的十字架。钟楼的顶上是半圆的球形，上面直立着抱着圣子的圣母粉绿色铜像。教堂整体是白色的，干净得像是新修缮过，在这无人的上午，显得分外宁静。

走进教堂，一眼就看遍整个空间。教堂分明不大，中庭是罗马式筒形的半圆顶，有半圆的肋拱支撑，两边各有三根白色圆柱作为廊柱，因此侧廊很通透，无所遮掩地暴露。祈祷用的长椅一排排从侧廊一直延伸到中庭，把圆柱的下面也遮挡在长椅中，只留出中庭不宽的过道。从中庭一眼就看到底，看到迎面的祭坛，祭坛是一面简单的底墙，上面悬挂着黑色的十字架，十字架上钉着耶稣褐黄色的身体。顶上是半圆的玻璃窗，描绘着圣母玛利亚的形象，红色的长袍分外鲜艳醒目，这是祭坛前唯一明亮的色彩了。十字架下的祭坛上摆放着一座大理石台，台上铺着白色的台布，台布上空无一物。后面有三架烛台和并没有点燃的白色蜡烛。大理石台前摆放着一盆白色的鲜花。祭坛两侧一面是管风琴，一面是唱诗台。祭坛两侧朝前还有两个壁龛，右侧摆放着宗教油画，左侧壁龛里是小小的圣母抱圣子雕像。金色的衣袍，彩绘的脸，飘荡的衣纹和一脸喜悦的表情，是非常世俗化的塑造。壁龛的上面是象征上帝的飞鸽，放射着金色的光芒。祭台上摆了好几盆鲜花，也增加了世俗的气氛。

教堂的墙面似乎是米黄色，干干净净的不加装饰，洋溢着一种温

a　教堂的立面其实简单，教堂的整体是白色的，在这无人的上午，显得分外宁静。

b　迪翁街道两边的栏杆上挂满花盆，或者是摆着一排排花池，让人感觉走在花园中，总是五彩缤纷的好看。这城市不仅是画，而且是画中的花园。

a

a　教堂中庭是罗马式筒形的半圆顶，有半圆的肋拱支撑，祈祷用的长椅一排排从侧廊一直延伸到中庭。祭坛上面悬挂着黑色的十字架，十字架上钉着耶稣褐黄色的身体。

b　左侧壁龛里的圣母抱圣子雕像。金色的衣袍，彩绘的脸，飘荡的衣纹和一脸喜悦的表情，是非常世俗化的塑造。

暖的气氛。两边各有三扇彩绘的圆拱玻璃窗，铅条以横向的线条分割画面，看上去应该是现代的作品，内容自然还是描写宗教的故事，例如抹大拉给耶稣擦拭赤脚，士兵押解圣母，等等。表现手法倾向于壁画，动态是大的，如飞翔的天使手持长矛指向地上爬着的恶魔。人物经过素描明暗处理，就立体厚重起来。轮廓线是细腻的，色彩因此就明亮，但是并不刺眼，也增加了温和的感觉。

基督教和天主教在当代社会和当代文化中扮演的角色已经改变，从三四百年前的精神与政治领袖转变成为生活社区的“俱乐部”。每排长椅靠过道的椅背边上，系上了白色布条扎的花朵，不知道是什么仪式的点缀，是婚礼还是葬礼？举行完了还是尚未举行？有几个老妇坐在前排的长椅上安详地谈着话，丝毫没有在意我的存在。这教堂让我感到了温馨，放在这美丽的迪翁，也是十分合适的感觉。但是，如果把它放在迪翁镇外，那一汪完全自然的湖水边，映着飘飘的芦苇和依依的垂柳，把身影儿反射在开着荷花的水面上，分明就更加地和谐。

b

c 彩绘玻璃窗的铅条以横向的线条分割画面，看上去应该是现代的作品，内容自然还是描写宗教的故事。表现手法倾向于壁画，动态是大的。人物经过素描明暗处理，就立体厚重起来。轮廓线是细腻的，色彩因此就明亮，但是并不刺眼，也增加了温和的感觉。

c

48.

圣加仑修道院大教堂

St. Gallen Cathedral

有华丽装饰的教堂与图书馆

a 粗大的方形廊柱和墙面用粉白涂饰，干干净净的白。

b 色彩看上去就明亮欢快，明亮到无须灯光照明。

瑞士北部的圣加仑修道院有上千年的历史，得名于其创建人传教士圣加仑。18世纪重建，遂成为欧洲杰出的巴洛克式修道院建筑之一。1836年修道院改为大教堂。新建的教堂坐落在修道院的一侧，中世纪晚期巴洛克式的风格，教堂东侧的地下祭室是修道院仅存的9世纪建筑。教堂的灰白外墙被涂饰得崭新，两座高68米方形塔楼成为显著的标志。大教堂正面上方有两个雕塑，右是圣莫里茨，左为圣德西德里乌斯。从侧门走进教堂，惊呆了。分明崭新，华丽，生气腾腾的感觉，可是教堂的历史久远，是城市最显著的标志。修道院图书馆不仅装饰富丽堂皇，更以其收藏的古老、丰富和珍贵闻名于世，目前图书馆的藏书约有17万本。

同样，教堂为了追求感官的享受和刺激，富丽堂皇，华贵烦琐，没有通常教堂那种让人感受卑微的氛围。粗大的方形廊柱和墙面用粉白涂饰，干干净净的白，方柱和冠头也是直线浅浅转折，因此没有明显的凹凸阴影，粉绿色的立体纹饰点缀方柱上部和绘画边缘，巴洛克式的曲线花纹，一下子让氛围活跃起来，这种纹饰通常体现在皇宫大

a

b

殿，很少见于教堂的内部，加上肉色方格图案在拱线部分涂饰，还有土红的宽线在穹顶呼应，金色的人物雕饰，悬垂在穹顶上面，因此色彩看上去就明亮欢快，明亮到无须灯光照明，自有一种喜气洋洋的感觉。在这样的氛围里，怕是最适合举行婚礼。

形成对照的是教堂的穹顶，包括侧廊顶，都绘满了宗教壁画，绘画偏于素描，色彩显得深暗，好像阴霾密布的天空，最大的圆形画面，画着耶稣背负十字架升天，云朵上下，众多的天神四处飞翔。如果是天堂的景色，原本不应如此昏暗，对比之下，还是让人觉得现世更为欢快。这一种心理效果，可就与通常的教堂相反。穹顶壁画的边缘，也是曲线的装饰，更为花哨华丽，有立体的纹路效果。工夫花到了内部装饰上，窗子就透明，没有彩绘图案，光线就干净，亮亮地照进教堂里，也没有神圣天光的象征。只有祭坛后面的大窗是彩色的，在暗处独自闪现。

祭坛前有高大的墨绿色栏杆，将祭堂隔离开来，栏杆上缀饰了繁复的金色植物纹饰，极尽热闹之繁，甚至有些琐碎了，如果做皇宫的大门，最为适宜。栏杆后的两边方柱上有油画，左边描绘基督受难，右边是圣母奉献圣子，艺术上感觉平平，弱于其后华丽的装饰像龛，三进方柱都有油画，无奈不能近前细观。祭堂没有后窗，正中也是一幅大的油画。只有栏杆大门前正中，有四台阶的平台，平台上放置着一张祭台，祭台上四根蜡烛。平台下左边立着一个支架，架板上斜放着翻开的《圣经》。

祈祷桌椅制作也很工整，边板曲线花纹雕刻，每排椅子后面的小踏板一转就可变成跪板。廊柱边有装祭祀器皿的木质木色壁柜，壁柜上绘有六人头像。其他方柱上也有金饰像龛，像龛上有许多白色的小型人物雕像，动作生动活泼。如四福音书作者与天使。耶稣的十二门徒像，分别画于南北两侧如门的木立柱上。一方柱上有金色装饰的棕红色讲经台。讲经台也缀满了白色的人物雕刻。一方柱上有一尊圣母怜爱基督彩雕，是民间的雕塑彩绘手法，耶稣横躺在圣母身上，腰间是金光闪闪的披布，身上的伤口滴落着鲜血。圣母交叉手指祈祷，头顶后有金色光芒饰线。这一类题材，还是放在梵蒂冈圣彼得大教堂的米开朗琪罗的雕塑最好。

两侧回廊墙边各有一排告解室，花样的木门镶嵌在白壁上，上部富丽纹饰，中有金饰人物，两边是小天使雕刻。三个细窄的门，垂着

a

b

绿帘，上有小小的牧师名牌，神父从中门进入，下有挡板，忏悔者可从两边门进入。绿帘下部用绳拦起，似乎是邀请忏悔者进入。教堂的后部结构也与通常的教堂不同，探空平台，二层上是管风琴，亦有金色的花纹装饰。下部廊柱间的空地上有一圣经支架，两边放置《圣经》，中间缀结晶石。支架下部有许多大鹅卵石堆积，被铁皮圈起，鹅卵石上方刻着一些游客信众的名字。

1983年圣加仑修道院被列入联合国教科文组织世界遗产名录。联合国教科文组织称这座修道院为“加洛林王朝时期大型修道院中的完美典范”，认定它为公元8世纪至1805年欧洲最重要的修道院之一，吸引了众多的游客。几个女孩子在祭坛边上的蜡烛架下拿起没有点燃的烛盒，就着上排燃烧的蜡烛点燃，然后放在架子上，架子上一排排燃着的蜡盒，红红地明灭闪烁。蜡烛架后的方柱上，倚立着一尊耶稣雕像，多褶的衣袍纹路，反射出无数高光，有金色涂饰在袍边、鲜花、手杖，耶稣一手持一束鲜花，一手执杖，有些哀伤地抬头仰望，完全无视这当下的一切。

a　两侧回廊墙边各有一排告解室，花样的木门镶嵌在白壁上，上部富丽纹饰，中有金饰人物，两边是小天使雕刻。

b　一方柱上有一尊圣母怜爱基督彩雕，是民间的雕塑彩绘手法，耶稣横躺在圣母身上，腰间是金光闪闪的披布，身上的伤口滴落着鲜血。

图书在版编目（CIP）数据

读懂教堂：从建筑到艺术 / 周至禹著. -- 重庆：重庆大学出版社，2022.8

ISBN 978-7-5689-3092-5

Ⅰ.①读… Ⅱ.①周… Ⅲ.①教堂—建筑艺术—欧洲 Ⅳ.①TU252

中国版本图书馆CIP数据核字（2021）第259615号

读懂教堂：从建筑到艺术

DUDONG JIAOTANG: CONG JIANZHU DAO YISHU

周至禹 著

策划编辑：张 维

责任编辑：李佳熙

书籍设计：M^OO Design

责任校对：刘志刚

责任印制：张 策

重庆大学出版社出版发行

出版人：饶帮华

社址：（401331）重庆市沙坪坝区大学城西路21号

网址：http://www.cqup.com.cn

印刷：天津图文方嘉印刷有限公司

开本：720mm × 1020mm 1/16 印张：17.25 字数：330千

2022年8月第1版 2022年8月第1次印刷

ISBN 978-7-5689-3092-5 定价：88.00元